U0112519

后浪

冲突的勇气

GETTING to ZERO

How to Work Through
Conflict in Your High-Stakes
Relationships

［加］杰森·盖迪斯　著

石若琳　译

贵州出版集团
贵州人民出版社

首先，谨以此书献给我自己。希望在以后的日子里，我能谨遵书里的建议，摆平自己生活中的冲突。

其次，我想把这本书献给那些想要驾驭冲突的父母。只有父母以身作则，孩子才可能耳濡目染。感谢你愿意做一名行动者和践行者。

再次，我想把这本书献给所有的老师，未来的花朵需要你们浇灌，所以你们也需要这本书去帮助你们处理好与学生的关系。希望所有的高中老师都能学到书中的精髓。

最后，我想把这本书献给所有想要成长、想要成功驾驭冲突的人。有了这本书的加持，你将拥有更加和谐的关系。

目　录

第 3 部分　冲突的注意事项——如何维持零冲突状态？

第 1 部分

冲突前——冲突是什么？
零冲突又是什么？

第 1 章

我水深火热的生活

化干戈为玉帛的能力，是我们留给孩子最宝贵的财富。

——罗杰斯（Rogers）

该上课了，我急忙跑回自己的座位，一不小心踢到了前座的凯西·亨德森。他回过头来，气势汹汹地说放学后要教训我一顿。无边的恐惧向我袭来，我记得自己当时大脑一片空白。尽管已经六年级了，外表看起来似乎也很坚强，但是实际上，我的内心敏感而脆弱。一想到放学后要去和他打一架，我就感到不寒而栗。这时候我能怎么做呢？是接受挑战，然后等着挨揍？还是冒着被说成是窝囊废或懦夫的风险，忠于自己的内心拒绝他？不管选什么，都没有好结果。

　　我该怎么办呢？思来想去，我同意放学和他打一架。当时，几乎所有六年级的男孩都跑来看我们打架了。他们在操场的一头围成了一个大圈，我和凯西站在圈里。"打啊！打啊！打啊！"周围的人都在喊，我已经没有了退路。突然，我想起爸爸和我说过，如果不能避免动手，一定要当第一个出拳的人。动手还能不会吗？于是我马上给了凯西一巴掌。人群欢呼起来，瞬间我就被凯西扑倒在地。他是个摔跤高手，我差一点就要被制服了。好在我内心的野兽按捺不住了，在肾上腺素的刺激下，我挣脱了束缚，终于爬了起来。

　　我还没有站稳，凯西的拳头就飞了过来，正好打在我的左眼上。几乎是同时，我听到有人大喊"托尼森校长来了"，只见校长正火速赶来，领带都被风吹得飞起来了。所有人都慌张狼狈地四散逃开，我也赶紧往家跑，一边跑一边哭，既害怕又屈辱。

知道我在学校和同学打架了，妈妈非常吃惊，但还是帮我处理了左眼的伤。爸爸下班回家之后，我一直不敢正视他的眼睛。但是爸爸却微笑着问我："打架了啊，你先出拳了吗？"除此之外，爸爸没有就这件事再多说一句，当然我也没有得到他的任何安慰。我就这样在悔恨和屈辱之中度过了漫长的一夜。第二天早晨去学校时，我一直耷拉着脑袋抬不起头来。詹姆森老师把我和凯西从班里叫了出来，我们跟着她来到走廊上。詹姆森老师关上门，说道："你们两个昨天打架了，是吗？"我们点了点头。"相互道个歉吧！"她又补充道。

"对不起。"我先说。"对不起。"凯西回应道。

看我俩都和对方道了歉，詹姆森老师才放我们回去。到这里，似乎我们之间的冲突已经结束了。

可是，我们真的化干戈为玉帛了吗？

冲突教会我的道理

尽管爸爸教我在打架的时候要先出拳，做到先发制人，但我还是能从他和妈妈的反应中感觉到：不管是吵架还是打架，都是非常不好的事情。而我的父母这么多年来，一直都相敬如宾，从来没有吵过架。我自己也认为，那些在学校里打架的都是坏孩子，好孩子是绝对不会参与这种事情的。因此，凯西是个"坏孩子"，我自己也好不到哪里去。几个月后，我升入中学，一个朋友也没有。

我和凯西打的那一架，似乎为我之后生活中的种种冲突拉开了序幕，给我留下了难以磨灭的印象。这种模式一直笼罩着我，让我在接下来的几年里陷入了一个怪圈：打架、逃避沟通、不欢而散、引起更多的冲突、继续逃避，如此周而复始，无限循环。

我在一次次的冲突中总结了一个自相矛盾的教训，那就是每当我们和别人发生摩擦时，似乎都可以说句"对不起"，让一切好起来。但是我和凯西自打完那一架之后，关系就再也没有"好起来"。我终于明白，道歉就像创可贴一样，只不过是把我和凯西之间的伤口遮住了，让我们暂时不再去彼此纠缠，让问题在一定程度上得到解决。但是实际上，这些道歉并不能化解我们之间的矛盾，我们之间的伤口仍在溃烂。

相信你和我一样，也曾亲眼见证过和亲身经历过无数出现问题最终一拍两散的关系。从家庭到学校，从儿时的操场到我现在工作的地方，这种事情在重复发生着。那一段段失败的感情经历更是不堪回首，让我许多年都走不出其中的阴霾。从小时候有记忆开始，我就眼看着身边的大人一次又一次地被卷入冲突之中，仿佛他们也不知道要如何解决彼此之间的问题。大人们不是应该相互关心吗？

中学时代的我总是格格不入，饱受欺凌和孤单之苦，这让我深知和谐的关系是多么重要。如何融入群体之中，让大家接纳我、喜欢我，成了我的头等大事。每个人都在寻求归属感，它是我们的核心需求，因为关系就是一切。

哈佛大学曾对个人发展进行过研究，发现和谐的人际关系是幸福生活的基石。[1] 我们和身边的每个人，都像织锦中的丝线，在生活中相互交织，而那些重要关系则是这张织锦上浓墨重彩的图案。细想一下那些我们最难忘的经历，不管它们是好是坏，很可能都是我们和他人一起创造的，这个人也许是我们的朋友、家人、爱人甚或同事。正是这些人，给我们的生活带来了极致的欢乐和痛苦。好的关系还对我们的健康和寿命至关重要，也许我们自己都没有意识到，那些没有化解的矛盾正在一点点啃噬着我们，让我们愈发疲惫不堪、压力满满，直至压垮我们的身体。[2] 如果我们身边没有人陪伴我们、爱我们、鼓励我们，我们就会觉得孤独。据说，孤独比肥胖和每天抽 15 支烟更为致命。[3]

为什么冲突如此重要？

既然好的关系如此重要，那为什么当人与人之间的关系出现问题的时候，我们还要吵个不停、互不相让呢？当我们和自己至亲至近之人起了冲突时，往往会寝食难安，因为一旦处理不好，这段我们视为珍宝的关系很可能会被置于险境。矛盾和分歧如果不能解决，对方的误会、伤害和责备不仅会给我们的精神蒙上阴影，还可能让我们失去自己的婚姻、家庭或工作，

　　而这些都是我们安身立命的基本条件。因此，我们当然会竭尽所能地去避免失去这些重要关系，可是在极力避开冲突的过程中，我们又难免背叛自己的真心，欺骗自己。讽刺的是，越是这样，矛盾和冲突就越多，我们就越是从心底里害怕被拒绝、被抛弃，而这些恐惧将主宰我们的生活。我们只有学会了如何拥抱冲突、应对冲突，这一切才能有所转变。

　　我研究了心理咨询和关系很多年，也做了心理咨询师和关系教练很多年，在过去的 20 年中，接触了成千上万的来访者，为他们在关系方面排忧解难。在实践中，我愈发深信，那些美好、牢固且持久的关系并不是天生的，而是双方共同努力的结果。没有任何关系能逃过冲突这道坎儿。要想让我们的关系发生蜕变，从不好变成好、从好变成更好，就一定要借助冲突的力量。当然，冲突也有可能会把我们的关系搞得四分五裂。

　　一段关系出现问题，其实也是一个契机，因为没有逆境和低谷，这段关系将永远无法发挥其最大的潜力，我们也永远不会知道我们和朋友或者伴侣之间那坚不可摧的关系有着怎样的魔力。没有经历过问题和冲突的关系，要么是流于表面，要么会走向失败。因为在这样的关系中，我们得不到重视，总是没有安全感。这样的关系会让我们变得愈发低沉、卑微，并让我们一辈子只会怨天尤人。

　　那些美好、牢固且持久的关系并不是天生的，而是双方共同努力的结果。

　　如果我们以为所谓的"好关系"就是从来没有闹过矛盾的关系，那就是在痴人说梦。关系中有冲突简直太正常不过了。我之后会讲到，所有亲密、稳定的关系都是在时间的累积中双方共同努力和维护的结果，我把这个过程称之为"冲突修复循环"（conflict repair cycle）。因此，拥有令人满意的关系的诀窍在于转变我们对冲突的看法。

我的旅程

　　后来，我终于在中学有了一群愿意接纳我的朋友，这种感觉就像找到了家一样的温暖。但是，我的感情之路还是充满了坎坷，我喜欢的女孩子都对我没什么好感。在这之后的很多年，我屡次表白被拒。经历了初高中的历练，熬过了大一的青涩，我终于找到了一个让女孩们喜欢上我（既然写到这里，就不得不感谢我的朋友教给我这个妙招，虽然听上去不怎么样，但真的很有效）的法子[①]。再之后的我桃花不断，但是在每一段感情中，我都会与她们保持一定的距离，以避免任何冲突的发生。只要有一丝丝矛盾的迹象，我就会跟自己的约会对象分手，然后快速投入下一段感情之中。在这样的反反复复、曲曲折折中，我度过了 10 年。

――――――――――

① 我的朋友女生缘特别好，和我形成了鲜明的对比。于是我向他请教怎样才能俘获女孩们的芳心。他告诉我："这没什么难的。只要你对她们冷淡点就可以了。"我按照他说的试了试，居然真的有效。这是不是匪夷所思？当我冷冷淡淡的时候，反而让女孩们为我倾倒。――作者注（若无特殊说明，本书脚注均为作者注）

倘若年少的我能够用心的话，本可以早点明白：我所经历的每一段亲密关系其实都有可能走得更远一点；而每一段恋爱的旅程都可以让我更加了解自己，让我明白那些我避之不及的外部冲突，其实才是化解我日益增长的内心冲突的解药（关于这一点，我稍后会详细阐述）。大概是因为没有痛彻心扉过，这些暗示都被我一一忽略了。我一直把自己禁锢在受害者的世界里，并试图在外界寻找答案。毕竟，不管怎么样，我的这种应对方式在某种程度上是有效的——起码算是说得过去。因为这让我有了好朋友，跟女孩约会也很顺利。这么看来，似乎一切都没什么问题，不是吗？

大学时，每当我的亲密关系面临考验、变得紧张的时候，我都会给自己找点事情做来转移注意力，比如喝酒、滑雪、爬山或是工作。正因为如此，我在找工作和兼职方面总是很积极，希望这能让我有个清净的角落，远离烦恼。我会利用课余时间去餐厅当服务员，也会在寒假的时候给孩子们当滑雪教练，还会在暑假的时候参加各种问题青少年荒野治疗项目，帮助那些少年们。虽然我很喜欢这份工作，也因帮助这些男孩受到了称赞，但是我有时会觉得自己做得不够好。扪心自问，我感觉自己并不真正具备帮助他们的能力。他们中的一些人正面临着巨大的外部冲突和内心冲突，并因此而陷入抑郁，只能用药物来麻痹自己，甚至产生了轻生的念头。究其根源，这都与他们面临着严重的家庭冲突和问题分不开。这也让我意识到，我需要继续学习更多心理方面的专业知识，才能真正帮到他们。

唤醒我的那一次分手

那一次分手，宣告我的第 6 段恋爱也以失败告终。在不同的感情中，我前前后后纠缠了 9 年时间，最后却还是孤身一人。这让我如同跌入了人生的谷底一般，每天都痛苦万分。那时候我刚刚 29 岁，已经和安德莉亚在一起快 1 年了——我很少能和谁维系这么久的感情。安德莉亚是个可爱的女孩，我的家人、朋友都很喜欢她。但是，我们之间存在一个重大分歧：她想结婚生子安顿下来，而我一点也不想这么做。于是，每当她提起结婚这件事的时候，我都会想方设法避开这个问题，转移话题。在我看来，谈个恋爱就想到结婚这么长远的事情，简直不可思议。由于一说到这些我们就会闹矛盾，进而引发冲突，我每次都会极力避免这个话题。举个例子，每当安德莉亚想要告诉我她的感受时，我都会感到非常不舒服，然后试图通过为她提供问题的解决办法来让她"好起来"；但没过多久我就会借口自己有事或身体不适而溜之大吉，抑或是直接转移话题。而如果安德莉亚想让我敞开心扉，告诉她我有什么感觉，我又会千方百计把焦点转移到她和她的问题上，以避免谈及我内心的感受。

我也不知道为什么，可能一直以来我都以为，如果遇到了那个"对的人"，找到了自己的"真命天女"，两个人就肯定不会吵架，会一直你侬我侬下去。这么想实在可笑，更可笑的是，居然有很多人也这么想。在安德莉亚一次又一次地试探后，我得出结论，所有的闹剧都源自她，是她让我有这种感觉的，我必须结束这种感觉。这个时候，最好的方式就是和这段感情说

"拜拜"，就像过去很多次那样。

但是分手我也做不到干脆利落，起码要拖上几个月。毕竟，在我看来，分手就意味着冲突，肯定会有人因此而苦恼、流泪、生气，各种负面情绪会一股脑儿涌出来。这些情绪我既不想面对也不知道该怎么去面对。而且，安德莉亚这么好，我不想像过去伤害别的女孩那样伤害她，只能寄希望于她主动和我提分手，好让我看起来无辜一点。

我让自己陷入了两难的境地。如果和安德莉亚分手，我就又要孤身一人了，又要面对那种我试图用女人（药物或者极限运动）来填补的空虚感了。而且，我会一直在这个循环中周而复始，无法逃脱。一切都不会有什么改变。当然，我也可以选择继续维持我们之间的关系，告诉她我也想让我们的感情走得更长远，用谎言欺骗她——同时也欺骗我自己。但是这样一来，我就违背了我的真心，我将每一天都面临灵魂的拷问。

最后，我们的关系还是走到了尽头。分手是在安德莉亚的车上谈的，彼时的我们已渐行渐远，因此约定好各自开车到全食超市（Whole Foods）的停车场里做个了断，毕竟这时候再去对方家中会很尴尬，选这种公共场所分手更为合适。尽管在这之前我已经有很多次分手的经验了，但一想到即将经历的痛苦，我还是很害怕。只不过这一次我早就下定决心，鼓足勇气，要做个有担当的男子汉，把我的感受告诉她。因为，我欠她一个解释。

坐在她的副驾驶上，我盘算着接下来要说的话。"我必须和你坦白"，我用这句话打破了我们之间令人尴尬的沉默。（现在回头想想自己这些失败的感情经历，心里真是五味杂陈。）我继续说着，感觉局促不安到了极点："我想我们应该分开。"那时候，我真恨不得赶快从车上跳下去。

安德莉亚其实早就想到了这个结果，但是她还是下意识地问："为什么呢?"

我首先想到的是，告诉她这一切都是因为她。那时我真的觉得每一段恋情之所以最终会走向失败，都是因为对方的过错，而不是因为我做了什么或者有什么该做而没有做到。虽说我是这么想的，但下一刻还是用了分手时常用的那句老话——我们之所以分开，不是你的错，原因都在我。我总是用这句话做挡箭牌，就好像我真的认识到了，走到这一步我有着不可推卸的责任。但是这一次，我这么说是真心的。在这句话说出来的一刹那，我好像意识到了什么，内心受到了极大的震撼，确实，这一切都是因为我! 10 年来，我就这样伤害了所有和我约过会的女孩，把她们拒于千里之外。10 年啊，我用了 10 年时间都没有搞明白怎么维系一段亲密关系。这是我的问题，是我的错，每段感情的破裂都是因为我。突然之间，有问题的人从安德莉亚变成了我自己。我顿时明白，如果一切问题的根源是我，那么我也有能力扭转这种情况。意识到这一点之后，我感觉自己浑身又充满了力量。

我兴奋地和安德莉亚说了我的想法。她听后并不像我一样情绪那么激动，只是强忍住在眼眶里打转的泪水，建议我去做心理咨询。尽管不知道什么是心理咨询，但我还是答应了她，内心没有一点抗拒。当时的我的确需要先解决自己的问题，才能去爱别人——而这个过程，只能我独自完成，所以分手是正确的选择。我们最后相拥在一起，给对方最好的祝福，和平结束了这段恋情。这算得上是一次体面的分手——我有史以来第一次主动和冲突正面交锋，虽然分手了，但这段恋情也不算全然失败。

离开安德莉亚，我回到自己的车上。在开车回家的途中，我对自己许下承诺：我要好好去了解关于爱、冲突和关系的一切，我一定要把它们搞个明白。这让我如释重负，但是这一次并不是因为我成功避开了那令人痛苦又尴尬的分手对话，而是因为这是我长久以来第一次对自己的感情负起了责任。

在帮助那些问题男孩的过程中总是受挫，自己的亲密关系又屡屡失败，这让我决心重回学校，继续学习。我四处寻找能帮我深入了解并解决自己的问题的学习项目。其中，一个研究生项目吸引了我，这个项目以培养合格的心理治疗师为目的，要求学员以来访者的身份接受 30 个小时的心理治疗。这个项目简直就是为我量身定制的！是时候停止逃避问题，开始面对自己了！

在研究生期间，我学习了人本主义心理学、超个人心理学和格式塔心理学。（格式塔心理学的基本原则是，我们要时时刻刻为自己的行为负责，而这正是我过去 10 年中从来没有做到过的。）我如饥似渴地学习着，希望尽快找到自己的问题的根源。不久之后，我就在当地的心理健康中心成了一名危机处理人员，后来又成了家庭治疗师。在实践的过程中，我学到了很多，包括精要治疗、动机性面谈、优势开发，也知道了如何诊断重大的心理疾病。我甚至还和别人一起开展了一个针对家暴施暴者的团体治疗。与此同时，我还参加了一个为期 3 年的格式塔治疗项目。因为我下定决心要找到自己恋爱频频触礁的根源，所以选择了这种要连续几年定期接受深度且密集的治疗的项目，而这也让我在学习之余得到了训练。

　　我也开始冥想，并加入了一个佛教团体。通过对佛教中冥想和正念的学习，我逐渐明白了，我们越是排斥自己的情绪和感受，贪图享乐、回避痛苦，越是会给自己带来更多的痛苦。唉，为什么我没早点知道这个道理呢！通过冥想，我的恐惧和焦虑都得到了缓解。很快，我又成了一名冥想导师。

　　研究生毕业后，我在当地的一个荒野治疗项目中做治疗师，算是正式开始了自己的心理咨询生涯。这些年来，我见证了无数人在应对冲突时的害怕，而这往往是他们生活中问题的根源。鉴于此，我又开始研究创伤，以及如何化解人与人之间的冲突。

　　研究生二年级的时候，我又有了新的恋情，那个人就是我现在的太太。刚开始在一起的时候，我便将学到的东西用到了我们之间的冲突上。在这段关系中，每当我们的感情出现冲突的时候，不管我多么想逃，最终都会选择留下（其实我逃了两次，不过两次我都乖乖回来了）。你可以想象两个初出茅庐的心理医生试图找出争吵的根源的画面。我们争吵时的对话是这样的："你在投射！""不，是你在投射！"如此你来我往，互不相让。有的时候，我会花上几个小时来处理我们之间的冲突，以此来测试自己新的治疗方法。在这个过程中，我会分析她的反应，并告诉她她的哪些反应会激化我们之间的矛盾。但是通过实践，我发现这样分析来分析去，耗时间不说，还消耗我们的感情。因此，在交往的前 3 年里我面对冲突时，常常表现得反应迟缓、毫无章法。但是随着时间的推移，我们双方都逐渐掌握了一些技巧，慢慢知道了应该如何快速化解冲突。

我发现很多前来咨询的来访者都和我有着同样的困扰。于是，我把自己在婚姻中学到的东西融入了自己的工作中。而我的来访者们也通过这些方法学会了如何化解冲突，更好地维系那些对他们来说很重要的关系。工作的同时，我一直保持着学习的状态，参加了多个研讨会，并向很多业界顶尖的导师学习。令我诧异的是，在应对冲突方面，一直没有一个成体系的方法，这让我不禁想要创造一套方法。从这个想法萌生开始，一直到现在，我已经积累了许多行之有效的工具，并对它们进行了不断地改进，形成了一套"冲突归零法则"（getting to zero），现在我要把它介绍给全世界。

我相信，这套方法在帮助我们应对人与人之间的冲突方面是非常有效的。这套方法的具体内容我都写在了这本书中，你可以通过学习自己去领会、掌握，然后运用到自己的生活中。要知道，如果你一直不知道如何应对冲突的话，就会让自己陷入冲突的死循环之中，让冲突一而再再而三地发生。而那些你珍视的重要关系，也将难以达到最为理想的状态。

为什么要写这本书？

你也许和我一样，都曾扼杀过自己一段又一段美好的感情。

你自责、逃避、把自己与外界隔离起来——但这些都无济于事，不能帮你改善那些你在乎的关系。有的人结了婚之后又会回到单身状态，在他们口中，自己曾经的伴侣是如此"不好相处"。当感情面临冲突时，他们不是学着如何与伴侣一起共渡难关，而是直接给对方"判死刑"，以为这样就能让自己好过一点。他们把所有的问题都归咎于对方。但是换个伴侣，这一切就能好转吗？

作为心理治疗师、关系教练和人际关系学校的创始人，我见过形形色色的人，包括母亲、接生员、僧侣、退伍军人、公司的 CEO、专业运动员和攀岩者。他们可以说是这个世界上最勇敢的一些人，他们中有的人几乎每天都在跟死神打交道，但他们的内心是那么强大，似乎没有什么能让他们感到害怕。但是只要一说到和其他人的矛盾和冲突，几乎所有人都会为之色变。他们和过去的我一样，因害怕身边的人离开而不敢袒露心扉。这是人类最深层的恐惧之一。正是由于害怕和别人断了联系，我们甘愿放弃真实的自己。通过后面的学习你会明白，这种妥协就是我们所有内心冲突的根源。既然这样，作为高级群居哺乳动物，我们为什么还要这么做呢？这一切都源于我们不愿面对冲突，更不知道该怎么面对冲突。似乎每次冲突都会给我们的关系带来不好的影响，所以我们总是对它避之不及。事实上，我们可以通过学习来战胜自己的恐惧和不适，从而不再害怕与别人产生摩擦。

杰瑞德就是一个很好的例子。他是一个极具运动天赋的人，备受大家的尊敬。他成功登顶了世界上很多高峰，他的这些故事听上去是那么不切实际。他是一条硬汉，哪怕在荒野之中面对死亡的威胁也绝不含糊。但是，他在人际关系上却表现得一塌糊涂。每当他和女朋友之间有了矛盾，他就会把自己封闭起来，独自去爬山，也不联系对方。后来，杰瑞德终于意识到自己如果不想失去心爱的女孩，就必须学会如何应对冲突。他找到我，学了一些冲突归零法则的基本方法，不久之后就和自己心爱的女孩步入了婚姻的殿堂。随着时间的推移，他们之间的冲突越来越少了。哪怕有一些矛盾，他们也能很快化解。现在，这对恩爱的夫妻成了人人羡慕的对象，他们自己都觉得不可思议：原来学会了面对冲突，生活居然可以变得这么不一样！

　　黛安娜的事是另一个我想跟大家分享的例子。她已经 11 年没有和自己的姐姐说过话了。但是在学了本书介绍的冲突归零法则之后，她马上联系了姐姐，主动承认了自己在姐妹俩多年前的那场冲突中做得不对的地方，姐妹二人之间的隔阂随即消除了。不到两个月，她们又和过去一样一起吃晚餐，说着姐妹间的私房话了。

　　这种事例每天都在发生着，我见证了一个又一个来访者重新敞开心扉。他们中有的人也许刚刚经历了一场冲突，有的人也许还在为几天前或几年前的矛盾一直受伤、愤恨、冷战着。试想一下，如果你正面临冲突，学完本书的内容，你会怎样应对。

　　要想把冲突变成机遇，我们必须改变自己过去对它的错误看法，拥抱新的观念，即冲突其实是一个契机，能让我们变得更强大、更优秀，在处理人际关系时更加如鱼得水。认真学完书中的每一个章节，你就可以做到。我敢保证读完本书后，你将有能力应对任何艰难的关系问题，尤其是和你最在乎的人之间的。你的自尊心和自信心都会得到提升，你的人际关系也会得到改善和加深。冲突归零法则能从源头帮助你处理关系问题，其带来的效果自然也是持久的。

如何使用这本书？

温馨提示

尽管很多人都曾表示，我在这本书中介绍的方法帮他们解决了困扰他们许久的冲突，但是我必须指出，这本书不适用于治疗创伤，也无法让你彻底摆脱精神上的痛苦。本书不涉及性侵、谋杀、战争等重大冲突的处理方式。对曾经历过这些不幸的受害者来说，本书是远远不够的，你需要寻求本书以外的其他资源。如果你曾遭受了严重的身心创伤，请不要放弃，一定要在专业创伤治疗师的帮助下走出心中的阴霾。

如果你在关系中遭受了虐待，这本书也不能帮助你改变这段关系。尽管冲突归零法则中的某些工具能在一定程度上改善你的处境，但是对每天生活在恐惧和虐待中的你来说，它并不适用。请勇敢地站出来，寻找能真正帮助你摆脱这段关系的资源。

当然，在极少数情况下，也许你完全按照书中的内容去做了，却没有任何效果。我知道这是什么原因造成的。对有的人来说，他们不能也不愿承担自己在冲突中的责任，自然也就不能通过书中的方法来化解冲突了。关于这些人，后面我会详细讲讲。但是请明白一点，对那些不愿接受帮助的人来说，你做得再多都是徒劳。如果他们不想解决问题，你又能做什么呢？

书中很多地方都会提到"亲密关系"，它指的是你和身边亲近的人之间的关系（包括家人、密友以及伴侣），这些也可能是你的"高风险"的重要关系。我们必须把"亲密关系"和"日常关系"区分开来，因为相比其他关系，亲密关系对我们来说更具风险性，一旦有冲突，应对起来往往更加具有挑战性。

书中的每一个步骤，我都在来访者身上试验过很多次。每一次，都能成功地帮助他们化解冲突，将他们从痛苦中解脱出来，获得更多的理解，建立更亲密的关系。通过阅读本书，你会逐渐明白，好的关系不是大风刮来的，而是用心经营出来的。所有好的关系都有一个共同特点：关系中的每个人都愿意并且能够化解冲突。如果你自己都不去学习怎么控制自己和自己的反应，那么谁还能帮到你呢？

接下来，让我们一起将冲突归零吧。"冲突归零"最早是我用来帮助来访者检验自己在经过学习和心理咨询之后，他们的冲突化解了多少、关系提升了多少的一个术语。给冲突从 0 到 10 打分，如果你最后的得分是 0，就代表你们之间的冲突都解决了，你们之间的关系也变得更加密切了。所以，冲突归零其实是一个过程，一个你和另一个个体之间的关系从存在冲突、隔阂到紧密相连的过程，并且在这个过程中，你们彼此接纳了对方、理解了对方。0 就是我们追求的目标，将冲突归零之后，我们会感到幸福而满足。我是基于自己的经验，将精神研究、人际神经生物学、依恋科学以及数个心理学的分支相结合，才有了这套方法。

为了更好地学习书中的内容，建议你准备一个笔记本，方便在上面做笔记和画图表。此外，在这个过程中，你也需要有一个互助伙伴（accountability partner），好让你把学到的方法运用到他身上，看看有何效果。当然，自己一个人学也没什么不可以，但是如果能有个伙伴和你一起，效果自然更好。这个互助伙伴不仅能让你在他身上施展学到的方法，还要监督你表达自己，设定边界，并学完这本书。这个人一定是一个可以让你敞开心扉、坦诚相待的人，一个愿意和你一起练习书中介绍的倾听和表达技巧的人。

这本书能帮助你成长。要想成长，必然需要你花费时间、金钱和精力来学习怎样化解与自己所在乎的人之间的冲突。但是如果你现在还面临着生存压力，这本书恐怕很难帮到你，毕竟成长性需求是更高层次的追求。为了以最佳的方式成长和发展，你的身体和情绪一定不能面临危机。真心希望你能在一个安心的环境中学习这本书的内容。

我向你保证，哪怕你穷尽一生都在避免冲突，或者从来都处理不好冲突，也不要过于自责，因为问题不在你。这并不是你不好，更不是你不对。应对冲突是需要技巧的，而只要学习，你就可以掌握这些技巧。

接下来的章节是按照冲突的发展顺序展开的，即冲突前、冲突中和冲突后。第一部分主要讲述为什么冲突如此难以面对，以及我们所面临的冲突到底是什么。在这一部分，我将详细介绍什么是我所说的"关系脚本"，也会告诉大家儿时的人际关系是如何在以后的生活中影响我们处理冲突的。同时，我还会讲到内心冲突，以便你更好地了解自己的问题到底在哪里、和别人起冲突是因为什么。在第二部分，我将教大家一些在实践中行之有效的方法，帮助大家在面对冲突的时候让自己和对方冷静下来，更好地去倾听、去表达。第三部分重点介绍了最常见的冲突、修复关系面临的障碍，以及如何达成共识。如果你在面对冲突时不知道如何是好或对方不愿意与你和解，书中的一些小技巧也能够帮到你。如果你想深入探讨本书的主题、下载免费的冥想引导或者聘请关系教练，可以在本书最后的"更多资源"里寻找。

　　如果你迫切需要改变，可以直接跳到适合你的章节开始阅读，不过之后要记得把前面没有学习的内容补上。但是，不管你的学习顺序是什么样的，都不能跳过**如何在冲突中与冲突后倾听对方**"这一章，因为这一章的工具能够迅速改变你应对冲突的方式。

　　最后，在每章的末尾都会有"行动步骤"。"行动步骤"里的内容会引导你反思并整合学过的内容，然后把它们运用到生活中。以下便是行动步骤的范例，希望你在开始本书的学习之前，先停一下，按照下面的步骤在笔记本上进行练习。

　　感谢你的阅读，真心希望这本书可以帮到你。

行动步骤

1. 用一段话写出你所经历的冲突，可以参考下面的句式：

　　A. 在目前的关系中，我面临的冲突是……

　　B. 从小到大，我一直面临的冲突是……

　　C. 每当一段关系出现冲突时，我通常会……

　　D. 最常和我起冲突的人是……

2. 大声把你写的内容读出来，分享给你的密友或互助伙伴，提前告诉对方不要对你妄加评价，也不要笑话你，而是要无条件地支持你。

3. 你的互助伙伴或者与你一起学习这本书的伙伴是谁？

第 2 章

什么是冲突？

　　幸福包含的元素很多，但是最能影响并决定我们是否幸福的，就是我们的关系。我们必须学会如何不像醉汉一般跌跌撞撞、如何有意识地控制自己的情绪和语言的表达，因为这些都是能改变我们人生的重要技能。

——马克·曼森（Mark Manson）

当听到或者看到"冲突"两个字的时候，你会想到什么？很多人都认为，冲突肯定夹杂着暴力，难免会有拳脚相加。但是我在本书中所说的冲突并不是战争、国际政治争端或者暴力犯罪。当然，这些确实是冲突，而且是极端的冲突。

在本书中，我所讲的冲突是指在个人范畴内、和亲密的人之间产生的冲突。在日常的人际关系中经常会有冲突，但它们大多不易察觉，也无足轻重，所以很多人并不是那么在意，更不会花心思去解决。

冲突，也许是你不想展开的对话；也许是一次分手，虽然揪头，但是为了开始新的生活、找到对的人，又不断不可；也许是解雇一位不合适的员工；也许是阻碍你和自己的亲兄弟和好的一道坎儿，一道让你们 7 年没有说过话的坎儿；也许是你在手机和社交媒体上屏蔽自己前任信息时的感受（这是种什么样的感受呢？是害怕吗？）。

如果你想拯救自己的婚姻，你必须要经历冲突。

冲突有各种各样的定义，在心理学中，我们一般把冲突定义为：我们与他人（外部冲突）或我们与自己（内心冲突）断开联系或者存在未解决的问题的状态。而"冲突归零"就是我们与他人或我们与自己重归于好的过程。要做到这一点,这本书会帮到我们。

"冲突归零"即我们与他人或我们与自己从断开联系到重建联系的过程,这个过程也是冲突修复循环的过程,具体详见图 2.1。

当冲突归零后,我们与他人或我们与自己的联系就得到了重建和修复,我们的内外部冲突也得到了化解。本书的重点就是帮助你学会如何在断开联系之后重新建立联系,让冲突归零。图 2.1 就是冲突归零的整个过程。你可以拍张照把它保存在手机里,也可以粗略地把它画下来贴在冰箱上。这样,在学完本书后,你就能时常查看这张图,用它来提醒自己:冲突修复循环意味着我们在一生中会不断遇到冲突。记住,冲突归零并不是一劳永逸的,你不可能一生都保持在零冲突的状态——毕竟每个人都有着这样或者那样的缺点,生活也总是会有始料未及的事情发生——所以拜托你实际一点,不要把自己或者自己的某段亲密关系想得过于理想化。话虽如此,好在只要你学会了冲突归零法则,就能快速化解自己的外部冲突和内心冲突。

图 2.1 通过冲突修复循环实现冲突归零

　　在我带领的有关人际关系的团体活动中，我总会问大家一个问题："在座的各位有谁在生活中和某个人断绝了关系，或彼此之间还存在没有解决的问题？"每次这么问，所有人都会举手。在这里，我也想问问你："你和谁之间还存在没有解决的问题？"你们之间的问题是什么、这个问题的原因在谁都已不再重要，让你辗转难眠的是这个问题还在那里，没有解决。想想那个你曾经咒骂过的人或那个多年前拒绝过你的人。想想那个讨人厌的室友或家人，是不是到现在你都还没有跟他把心里话说出来。有的时候，冲突就是你没有说出口的话、没有表露出来的真心。

　　下面，让我们一起来解决你和这个人之间的陈年旧事。表2.1是冲突表，请把这个表画在一张纸上。在读这本书的过程中，你会不断用到这个表，并且这个表会越来越长。

　　在这个表的第1行写下和你起冲突的那个人的名字。然后在下一行用几个词概述他做了什么或者有什么该做而没做到，才让你们之间产生了冲突。把你想到这个人时内心的感受写在第3行，比如生气、受伤、伤心、烦躁、有负罪感、恶心、焦虑或者害怕。千万不要写"他这个人糟透了"之类的评价。这只是你的想法，并不是你的感受。只有找到你的感受，才能追本溯源，找出是什么让你们之间断开了联系。

　　在第4行，你要按照强度给你在上一行写下的感受从0到10进行赋分。强度最高赋10分，强度最低赋0分。你赋的分值能说明许多问题，比如：你面临的情况到底有多复杂，你有多生气或多受伤，这个未解决的冲突对你生活的影响到底有多大？把这个数字想象成你身体的不适程度，你的身体此刻有多不舒服，你在这段关系上就有多纠结，这个人就有多能牵动你的情绪。同时，这个数字还会告诉你，这段关系给你带来了多少压力。

表 2.1　冲突表

和我起冲突的人：
他做了什么：
想到他时我的感受：
这种感受的分值（0—10）：
冲突持续的时间：

记住，我们的目标是将冲突归零。在这本书中，我会反复强调"冲突归零"这个概念。"零"是基线，代表的是你们之间的冲突已不复存在了，双方都感到如释重负。这个"零"就是你们之间关系的"甜蜜点"（sweet spot），当冲突归零时，你会精神放松，很有安全感，可以和你在乎的人紧密相连。在冲突表的最后一行写下你们之间的冲突持续的时间。是 1 天？2个月？还是 10 年？如果你们之间总是时不时地产生冲突，那就写一个大概的平均时间。

完成冲突表后，你所填的表格应该类似于表 2.2。

表 2.2　冲突表（范例）

和我起冲突的人：比尔
他做了什么：对我撒谎
想到他时我的感受：愤怒
这种感受的分值（0—10）：6
冲突持续的时间：4 年

　　看到大家在表中写的冲突持续的时间和这些未解决的冲突给他们带来的影响，我总是很震惊。很多人竟能在冲突中熬上几个月、几年甚至几十年！这种长期压力肯定会对健康造成很大的损害。

　　所以，我们不妨扪心自问：我到底想不想解决困扰自己的问题？我到底想不想让冲突归零？假设今晚我感染了病毒突然离世，敢不敢坦然地说自己已经尽了全力去解决冲突？如果对方明天就会因为交通事故意外去世，我能不能理直气壮地说自己光明磊落，愿意和对方把话说个清楚？我知道，解决冲突是很难的，是令人很不舒服和害怕的，特别是当我们不知道怎么解决并且过去的每次尝试总是没有好的结果的时候。

　　所以，如果想到这些你就心有余悸、充满恐慌，抑或是心存戒备，我都能理解。这时候，可以选择先避开让你感到害怕的人，换一个人——第一次解决冲突还是先找一个容易着手的人为妙。而且，你还要仔细想明白，在你看来，哪段关系的问题是你真心想要解决的，然后在上面投入时间和精力。你必须承认一点，那就是有的感情失去了就回不来了，所谓"覆水难收"。所以，请先确定在你的生命中，谁是最重要的，谁是最有可能和你重归于好、让你跟他冲突归零的。只要符合上述两个条件之一，你就可以把他的名字填到你的冲突表中。表中其余的部分，我稍后再细说。现在，你应该把冲突表当作记分牌，看看那些对你来说至关重要的关系到底处于什么状态。

　　还有，你有没有发现在冲突中，自己好像变了一个人，就好像那个成熟的自己已不复存在了。因为冲突，你可能会大发脾气或好几天沉默不语，或者变得尖酸刻薄甚至令人生畏，又或者变得和僵尸一般冷漠。

我在缅因州的时候就这样伤害过我的朋友。当时，我告诉几个死党要留在那里和他们一起过冬。可是后来我改主意了，却因为怕他们失望或怕跟他们起冲突而不敢实话实说。于是，一天清晨，我趁大家还在睡觉，就偷偷开着我的 SUV 一路逃向犹他州，没有留下只言片语。我消失了。当他们追问我为什么不辞而别时，我又只是一味地选择逃避，从来没有正面回复过。可以想象，这当然引发了我与他们之间的冲突，而我也从来没有妥善地处理过。

这么做当然是不妥的。但是有的人在面对压力的时候，就是会选择让自己像幽灵一般消失，以此来逃避不敢面对的现实。

惊弓之鸟

我们为什么会这么做？为什么在面对冲突时会一次又一次地选择逃避？又是为什么在冲突中，我们会像一只受伤的狗一样四处狂吠？

我们的大脑有联系和保护两种模式，并且保护模式经常占据上风。也就是说，我们的大脑常常会往坏的方面提早做打算，总是在注意是否有潜在的和真实的威胁，以保护自己。我把这种模式称作"惊弓之鸟"模式，在这种状态下，我们的大脑只专注于一件事——保护自己。如果你曾在动物收容所领养过小狗，就会发现，那里的小狗大部分时间都处于恐惧之中。面对新的主人，被领养的小狗虽然很高兴，但是因为之前的经历让它们饱受摧残，所以新主人必须表现得十分友善和无害，才不会引起它们的恐慌。我们大多数人都曾在生活中受过伤，所以有的时候会和这些受惊的小狗一样表现得心有余悸。

举个例子，如果在某段对你来说很重要的关系中，对方总是对你妄加评判、批评甚至指责，你就很容易进入"惊弓之鸟"模式。这时候，只要当前的场景和过去的有些类似，你就会极度缺乏安全感，进而惊恐万分。但是不管你多么努力地去尝试，这只"惊弓之鸟"都已成了你的一部分，你无法驱赶它，也不能摆脱它。这种条件反射式的恐惧也是一种自我保护，只不过它可能会损害你与那些你最在乎的人之间的关系。

于是，当你和自己在乎的人之间有了矛盾时，那个黑暗的你就会粉墨登场。你或者会提高自己的声音，或者会把自己封闭起来，或者会冷冰冰地对待对方，或者会选择逃开。我们每个人都有不那么美好的一面，当有人让我们感觉受到了威胁时，它就会出现。所以，我们一定要学会如何在冲突中按下暂停键。（具体怎么做，我稍后会详细讲述。）

试想一下，如果你在征友信息里把自己的这一面展现出来会怎样。会不会很有意思？"你好，我叫杰森，只要我被激怒，就会指责你，还会自我封闭几天。你想跟我交往吗？"——我相信这样的自我介绍会让你孤独终老的。

冲突是由什么引起的?

有冲突,就说明我们与他人或我们与自己断开了联系或存在未解决的问题。但是,这又是由什么引起的呢?到底是什么导致我们和朋友绝交、关系破裂,让我们如惊弓之鸟一般?其实答案很简单,冲突之所以会产生,追本溯源,是因为我们感觉自己受到了威胁——不管是在心理与身体健康上,还是在安全感、身份认同、价值观、品行、财产方面,抑或是涉及我们爱的人,只要我们感觉受到了威胁,就很可能引发冲突,尤其是当事关我们重视或在乎的东西时。因此,一旦我们嗅到了危险的气息,就会立马开启"惊弓之鸟"模式,就像那些等待领养的小狗一样,随时准备逃跑或者干上一架。

但又是什么让我们感觉受到了威胁呢?简单来说,在大部分关系中,我们缺乏安全感不外乎下述两个原因:

◆ 过分亲密。
◆ 过分疏离。

毕竟,人类是群居动物,需要社交。所以,不管出现上面哪种情况,都可能让我们觉得反感和害怕。如果对方过分亲密、咄咄逼人,我们就会觉得自己受到了伤害。如果对方过分疏离,我们又害怕自己会被抛弃。那么过分亲密和过分疏离究竟是怎样产生的呢?

过分亲密

如果对方以一种让你感觉不舒服的方式靠近你，比如说话声音大，肢体动作没有分寸，言辞激烈、滔滔不绝、皱眉眷眼、颐指气使、大喊大叫，或者做某些动作威胁你，都是过分亲密、不给你私人空间的表现。对方的这些行为肯定会让你反感，也会被你解读成对自己的威胁。在这种情况下，如果对方继续步步紧逼，没有要放弃的意思，还是直勾勾地看着你，大着嗓门冲你喊，你们之间接下来肯定会产生冲突。很多时候，即使是一个愤怒或不悦的表情，就足以让我们进入一种防御状态，然后开始环顾四周、评估环境，并准备好保护自己。因此，哪怕是另一半在地下室冲地上的我们高声说话，我们中的大部分人都会觉得对方要找碴儿，瞬间开启"惊弓之鸟"模式。

再举个例子，假设你在压力很大的工作中忙了一天，刚回到家，迫不及待地想缩在沙发上玩一会儿手机。但是这时候，你的伴侣想和你聊聊天，讲讲这一天都发生了什么。即使你很爱他，但是因为这个时候的你只想休息，所以面对他的要求，你肯定也会非常不耐烦，甚至有点生气，而你的语气会不自觉地把你的情绪表露出来。你想要点私人空间，而他想要和你沟通。在这种情况下，你要是不把自己需要独处的想法说明白，对方就会理所应当地认为你也想两个人一起待一会儿，听他说说话、跟他聊聊天。但是由于你不想这样，只想要私人空间，对方的这片好心反而会让你觉得自己受到了威胁，你们甚至可能会因此而大吵一架或闹翻。但是你之所以会这样，只不过是因为这种亲密让你觉得太过了，让你感到害怕。

过分疏离

反过来，喜欢的人如果对你太过疏离也会让你很没有安全感，因为你会害怕对方不在乎自己，甚至要离开自己了。过分疏离的表现如下：

- ◆ 沉默不语。
- ◆ 离开房间。
- ◆ 转过身去。
- ◆ 看向别的地方。
- ◆ 使劲关门。
- ◆ 在谈话中打断对方。
- ◆ 不回信息、电话或者电子邮件。
- ◆ 聊天避重就轻。
- ◆ 再也不和对方说话。
- ◆ 结束一段关系。

过分疏离的表现有这么多，但最让人受不了的就是沉默不语，因为我们不喜欢未知的感觉。举个例子，你下班回到家想和伴侣聊聊天，伴侣却不在家中。一般这个时候他都会在家，现在却不在，也没有和你说一声他去了哪里。你给他发信息，但是等了好一会儿也没有收到回复。要是这样再过几个小时，你就会开始慌神。如果你曾有过别人突然不理你了——既不回你信息也不再和你说话——的经历，当再次面对这似曾相识的情景时，你就会觉得对方非常没有礼貌，心里十分痛苦，仿佛在滴血一般。在这种状态下，你会失去安全感，并可能觉得对方在用沉默与你对抗。大概是这种沉默太让人难受了，有的人宁愿违背自己的内心，将问题抛诸脑后，也要努力去迎合那些曾经深深伤害过自己的人，只为了和对方维持表面的关系。

事实上，很多长期的亲密关系最后都败在了这一点：你想要更亲密，而对方却想要保持距离。期待不一样，难免会有摩擦和失落，这是大多数冲突产生的根本原因——不管两个人表面上是因为什么而起的冲突，这反过来都会触发我们的"惊弓之鸟"模式。

所以，被过分亲密或过分疏离触发"惊弓之鸟"模式，是很正常的。但任何时候心里都绷着一根弦，这对我们的身体和心理都会造成极大的损伤，长期下来肯定有害健康。

断开联系时的 4 个应对策略

前文已经讲过，当我们感到有压力的时候，会触发"惊弓之鸟"模式，它常常会让我们想要做点什么去转变眼前的局面，最后却弄巧成拙。所以，问题不在于我们的"惊弓之鸟"模式会被触发，而在于我们不知道如何应对当前的局面。不管是过分亲密还是过分疏离，都会让我们感到不安，从而远离真实的自己，与他人断开联系。每当这个时候，我们总会从下面 4 个策略中选择其一进行应对，我把它们称作"断开联系时的 4 个应对策略"，分别是：

◆ 装腔作势（强词夺理）。

◆ 崩溃自闭（变得渺小）。

◆ 努力挽回（侵占对方的空间）。

◆ 闪躲回避（保持距离）。

在图 2.2 中，最中间的圆圈里是数字"0"，代表你与自己以及你在乎的人之间的联系最紧密。在这种状态下，你能感受到自己内心的平静、舒服（我写这本书的初衷，就是希望可以帮你达到这个状态！）。在这张图最外面的一个圆环上标着数字"10"，在这种状态下，你会极度不安，并感到与自己或与他人

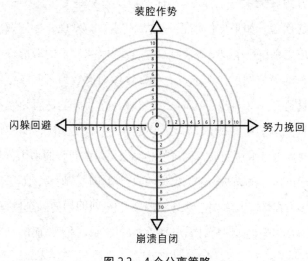

图 2.2　4 个分离策略

是断开联系的。最理想的关系是处在图中"0"的状态，这时你与自己的内心或所在乎的人紧紧相连，并且你也会好好照顾自己。但是一旦受到刺激，你就会远离真实的自己，或与他人断开联系。

　　了解你在断开联系时所使用的应对策略，能帮助你更快地察觉人际关系中的问题，更好地与自己或他人重建联系。你也可以把自己的应对策略告诉你最亲近的人，这样当你们的关系再次出现冲突时，你们可以并肩作战，一起化解问题。

装腔作势

　　当你这么做的时候，就好像一只受了惊吓的豪猪，全身的刺都竖了起来，准备攻击或指责对方，以保护自己。当你这么做的时候，会下意识地为自己辩护，"我没有那么做""这全怪你，跟我无关"。实际上，你这样反应只是为了保护自己不继续受伤害。如果你仔细想一想，可能就会发现，在你做出这种反应之前的一刹那，你内心其实在为刚才发生的事情羞愧不已——因为你做了什么或者有什么该做而没做到。但你还是选择了逃避，不敢直视自己内心的羞愧，这大概也是因为你不想表现得太脆弱吧，所以选择了装腔作势，把过错归咎到对方。有的时候因为太过激动，你可能还会做出一些夸张的动作，极力想表现出自己很好的样子，以证明自己没有错。但是，无论你看上去多么强悍，其实内心深处脆弱又受伤，你只是在通过这种方式掩饰真实的自己，好让自己在这场冲突中显得无辜而已。

崩溃自闭

崩溃自闭和装腔作势正好相反。当你这样的时候，就好像一只寄居蟹，把自己缩进壳里保护了起来。你之所以会这样，归根到底还是因为内心的羞愧，这与让你采取装腔作势的策略的原因是一样的。这时，你可能不会向外界发泄自己的情绪，而是会默默吞下一切，把自己封闭起来，完全沉溺于无尽的羞愧和自责中，一遍遍地责备自己"我真的太蠢了""这都是我的错"。此时的你陷入了谷底，把冲突的原因全都揽到自己的身上，全然忘了一个巴掌拍不响的道理。极端状况下，你甚至可能会陷入抑郁，对生活失去希望。你画地为牢，把自己封闭了起来。这种状态可能会持续几天，也可能会持续几年，有的人甚至会从此一蹶不振！

努力挽回

有时，当一段关系出现矛盾或当你感觉对方想要离开的时候，你可能会焦虑、害怕，或是感觉到被拒绝、被抛弃，所有这些都会进一步激化矛盾。因为你太缺乏安全感又太担忧了，你很可能会再次靠近对方，希望重归于好。你想让对方回到你身边，但是你重建联系的方式可能会适得其反，让对方离你越来越远。这就像一只金毛犬使劲用鼻子蹭你，摇着尾巴问你"我们没事吧？我们没事吧？我们没事吧？"，这并不是说你不能去挽回对方，而是要讲究方法，要控制自己的情绪，不要看起来那么拼命。因为过于歇斯底里地挽回反而可能会让对方感到自己的空间被侵占了，有一种受到了威胁的感觉，从而离你越来越远。

闪躲回避

当有人触及你的私人空间（对你太过亲昵，说得太多，要求得也太多）时，很可能会让你觉得被侵犯、被束缚了，仿佛不能呼吸一般。这时候的你像流浪猫一样，一心只想远离这个人，并刻意和对方保持一定的距离，希望躲得远远的。于是，你会离开房间、不回信息或不接电话。有时候可能你们人在一起，你的心却肆意徜徉在幻想中，用冷漠在你们之间筑起了一道高墙。但是你越是这样，对方可能越是迫切和焦虑，从而做出更多让你想要逃离的事情。闪躲回避其实也是你在"惊弓之鸟"模式下下意识保护自己而做出的反应。

通过上面的介绍，不难看出这 4 个断开联系时的应对策略贻害无穷，会让我们的冲突无法归零，也会让我们与亲密之人产生隔阂。原来冲突不仅会让我们和自己在乎的人断开联系，还会让我们与自己的内心断开联系，因为当我们害怕时，我们就会进入一种压力反应，变得行事无常。

直面你的恐惧

约翰联系我的时候，状态特别差，用他自己的话说，和女朋友在一起让他"终日活在痛苦和焦虑中"。约翰离过一次婚，有两个孩子，所以很珍惜和现在女朋友的感情。但是，每当他们之间有问题他想要解决的时候，他的女朋友都会极度防备，就好像自己的私人空间被侵犯了一样（过分亲密）。这种时候，他的女朋友总是会选择退缩（闪躲回避），而不是和他一起解决问题，这让约翰焦虑万分，想尽一切方法联系她、黏着她（努力挽回）。这对情侣想要的完全不一样，约翰想要回到之前的亲密状态中，可是他的女朋友想要更多的私人空间。

　　进一步了解了情况后，我发现约翰的女朋友不仅在两个人冲突过后会选择沉默，在两个人和好后也总是会用语言刺激约翰（装腔作势），嘲讽约翰过度敏感。而约翰呢，他努力挽回的动机也不单纯，只不过是因为自己离婚后太害怕孤单了，所以想留住这个伴儿。由于太害怕回到孤身一人的状态，约翰随时都像惊弓之鸟一般，并且为了不被抛弃而对女朋友百依百顺。但是这种违背自己内心的行为又让约翰越来越拧巴。这段感情给他的工作、孩子和健康都带来了不好的影响。最后约翰终于意识到，要打破自己的行为模式，他必须以一种全新的方式来让对方知道他希望与之重归于好。但是约翰内心也很矛盾，生怕这样反而会加剧两个人之间的感情问题。

　　我向约翰保证，进行心理咨询不仅可以帮助他打破之前那种让他与女朋友之间的关系变得更糟的行为模式，更重要的是，有助于他们两个人之间感情的修复。最后，约翰终于鼓起勇气为自己发声，并设定了一些界限，表明了自己的立场。约翰对他的女朋友说："如果我们不能处理好两个人之间的矛盾，那这段感情就没有继续下去的必要了。我希望每次争吵之后，我的伴侣可以和我一起解决问题，重归于好。"约翰终于想通了，尽管他不想又回到单身状态，但是如果在一段感情中失去自己的声音和尊严，那就太痛苦了。要想两个人的感情有所改善，他必须勇敢起来，学会直面冲突。

有时候，当一个人能够为自己发声、为感情而努力时，另一个人也会被感染，然后两个人朝着同一个方向努力，向着更美好的生活出发。可惜的是，约翰没能成功带动他的女朋友，对方认定约翰太敏感了。好在这一次约翰坚持做自己，想要挽回自己在感情中的尊严。约翰非常清楚自己在感情中想要什么：当冲突不可避免时，两个人要能有意识地一起解决问题，努力和好。约翰一遍遍地重申自己的诉求，这使得他们两人之间爆发了一些激烈的冲突。当约翰在我这儿做了 3 个月心理咨询后，他和女朋友提出了分手。尽管当时对约翰来说，分手令他痛彻心扉，但是 2 年后，他遇到了自己的真命天女。随着感情的升温，两个人还达成了一些缓解冲突的共识（关于这一点，我将在第 15 章详细讲述）。

约翰的亲身经历说明：我们要正视自己内心的冲突，努力解决外部的冲突。在这之后，约翰还专门找我学习如何应对冲突，他再也不害怕冲突了。而且，掌握了这些应对冲突的技巧之后，约翰发现自己的其他重要关系也开始跟着改善。

如果你和曾经的约翰一样，一直以来都在不断地道歉、回避、崩溃，那么是时候正视自己内心的恐惧了，你可以打破自己的"惊弓之鸟"模式，把该说的话都说出来。有意思的是，在面对冲突时，约翰前女友和他的反应截然相反：约翰总是崩溃自闭、努力挽回，而他的前女友总是闪躲回避、装腔作势，这

4 个应对断开联系的策略被他们两个人用遍了。在很多情况下，冲突双方也和他俩一样，会采用相反的策略。但并不是所有情况都是这样的，比如在一些重要关系中，可能冲突双方会同时采取闪躲回避和装腔作势（指责对方）的策略。所以，我们也要反思自己是不是有做得不对的地方，毕竟大家都不喜欢被指责、批评或攻击。

从本质上来讲，冲突是一种关系的脱节。不管情况有多糟糕，也不管你多么害怕，只要行动起来，你都有可能修复它，让冲突归零。当然，在生活中，并不是所有人都值得你用冲突归零法则中的方法，但对于你和你亲近的人来说，努力一点又算什么呢？

行动步骤

1. 你以前对与他人起冲突这件事是什么看法？现在对此又是什么看法？

2. 在过分亲密和过分疏离两者中，哪一个更让你害怕，更容易让你生气？举 3 个让你感到很生气的例子（比如沉默、喋喋不休等），并把它们归到"过分亲密"或"过分疏离"的类别中。请结合你在冲突表中写下的那个人的实际情况，完成以上练习。

3. 确定你在断开联系时最常采用的是哪种应对策略——是努力挽回还是闪躲回避，是装腔作势还是崩溃自闭。

4. 你学习处理冲突的目标是什么？请按照以下格式填写：

我学习处理冲突的目标是_____。

5. 把你的目标用电子邮件或者短信发送给身边的人，至少发送给一个人，让对方知道你学习的决心。

6. 把上述内容与你生活中的某个人分享。

第 3 章

大部分人如何应对冲突？

如果有人朝你的心脏射了一箭，你再怎么喊叫、咒骂他都无济于事。此时，你的注意力应该放在"你的心脏已经中箭了"这一事实上。

——佩玛·丘卓（Pema Chödrön）

并不是所有的冲突都会表现为拳脚相加。很多时候，隐瞒和沟通不畅，都会埋下冲突的火种。如果你因为觉得有的话不好说出口，或者担心这些话会让他人反感，就选择沉默而把话藏在心底。短期来看，这样做确实能帮你逃避那些令人不快的情绪，也不会伤到别人，但是时间一长，反而会制造更多的冲突。我懂你为什么会这样做——因为过去的我和你一样。可是，隐忍并不能解决问题，反而会让问题变得更大、让矛盾变得更尖锐。记住，避免冲突并不能改变什么。

　　莫妮卡来我这里做心理咨询的时候，满腹忧虑，想要挽救她的婚姻。在她看来，她和丈夫不仅没有亲密的肢体接触，在感情上也渐行渐远。反观身边其他的情侣或夫妻，他们总是手牵着手，说话似乎都心有灵犀，有的哪怕已经结婚好几年了，为了给爱情保鲜，也会安排固定的时间享受二人世界。可是她自己的感情呢，已经在 12 年的婚姻生活中消失殆尽，早就没了火花。仔细想想，这一切是从他们有了第一个宝宝后开始的，似乎伴随着孩子的出生，丈夫与她日渐疏远，只是一门心思搞事业，而莫妮卡自己也把全部的精力和时间都给了孩子。

　　每当两个人意见不合的时候，莫妮卡的丈夫先是装腔作势，然后闪躲回避，看到对方这样，莫妮卡会努力挽回，最后崩溃自闭。为了避免发生冲突，两个人都刻意回避谈及自己的感受和想法，但是这让双方的精神压力变得更大了，两颗心的距离似乎也更远了。慢慢地，孩子长大了，但是这一切并没有跟着好起来。莫妮卡愈发觉得自己和丈夫渐行渐远，过着有名无实的夫妻生活。她的愤恨与日俱增。终于，她意识到自己要说些什么了，但是只要她想往这方面谈谈，她的丈夫就会变得很防备，拒绝向她敞开心扉。

这似乎更加印证了莫妮卡的恐惧：如果她说了什么，一切就会变得更糟。尽管她的内心是那么渴望丈夫的爱和亲昵，但是这么多年过去了，对于自己的需求，她仍不敢表达出来。面对我的追问，莫妮卡表示，她之所以一直对自己的需求只字未提，就是因为怕把话说出来后，她的丈夫会退缩甚至封闭自己。这样一来，他又会和以前两个人闹别扭一样好几天不理她。哪怕莫妮卡身体靠近一点对他表示亲昵，他也会用沉默和消极的肢体语言无声地反抗，冷冰冰地拒绝她。

"那是不是这样，"我说，"你想和丈夫在情感上和肢体上更加亲密，但是又不敢说出来，怕说出来反而会让对方更退缩。对吗？"

"是的，"莫妮卡回答，"就是这样。"

"那么现在你打算怎么办呢？"

"我只能继续忍着，什么都不说。"

"这样啊，"我说，"那这样做你们变得更亲密了吗？"

"嗯……我想并没有，但是好歹这样我们的感情还能继续维持下去。"莫妮卡尴尬地笑了。

莫妮卡遇到的问题是很多情侣或夫妻都会遇到的问题：一方想要更加亲密，而另一方想要保持距离，双方的期待不一样，难免会引发冲突。莫妮卡的情况并不是个例，很多人和她一样，在面对同样的情形时，都会觉得自己的想法难以启齿，因而想尽办法说服自己，继续保持沉默。但是如果你真的遇到了这样的情况，请问问自己：如果我把自己的想法说出来，最坏的结果会是什么？[1] 我也是这么问莫妮卡的。

"这个嘛，我想他会和之前一样不理我的。"莫妮卡回答。

"那就算他不理你，又有什么可怕的呢？"我反问道，"假设你真的把自己的想法说出来了，他真的不理你了，然后会怎么样呢？"

"我们肯定会和之前一样没有性生活，而且他还会生我的气。"

"就算你们和之前一样没有性生活，就算他生你的气，又怎么样呢？这有什么可怕的呢？"

"我害怕如果真的这样的话，我们的关系就会变得像同租室友那样不咸不淡，彼此之间没有真正的联系。"

"你们现在不就是这样吗？你是怕这种情况变得更加严重吗？"

"嗯，是的。"

---

[1] 这个问题是很多年前我从我的导师布鲁斯·蒂夫特（Bruce Tift）那里学来的。

　　"就算你们一直这样好下去，又有什么不好呢？"

　　听到我的话后，莫妮卡的脸色瞬间苍白了，喃喃地说："不能这样，如果一直这样的话，我怕我们最后会分道扬镳。"

　　"你们分道扬镳会怎么样呢？"我继续追问。

　　"我想，那样的话，我就变成一个人了。"

　　"原来是这样。你害怕自己回到单身一人的状态，是吗？是因为这个，你才不敢和你的丈夫说真心话，是吗？"

　　"确实是这样，但是为什么呢？"莫妮卡点了点头，若有所思，"为什么我之前从来没有这么想过呢？"

　　"我们继续分析，现在摆在你面前的是两个糟糕的选择：一是说出你的想法，但这可能会让你失去他；二是一直忍着，什么都不说，继续像现在这样做一对有名无实的夫妻。我说得对吗？"

　　听到这里，莫妮卡如鲠在喉，她叹了口气，说："是的。"

　　"你现在知道你为什么停滞不前了吗？因为摆在你眼前的两个选择都糟透了。"

　　莫妮卡突然意识到，原来自己一直处在这么两难的抉择中，怪不得终日如此痛苦。然后，我们继续往下聊，想看看是不是有什么突破口被遗漏了。就现在的情况来看，即使莫妮卡把自己的想法说出来，她最担心的情况可能也不会出现，相反，说不定哪天她的丈夫就开窍了，愿意和她重归于好，他们就能再度拥有往日的甜蜜了。一意识到缄口不言只会让自己变得无能为力，莫妮卡就有动力改变自己，换个方法解决问题了。而要想换个方法，她必须战胜自己的恐惧，敢于承担可能的风险——或许是一场夫妻间的大战。但是为了挽救两个人的感情，采取行动刻不容缓，哪怕会有冲突发生，也不能犹豫不前。

莫妮卡已经在自己的脑海里想象了无数种她丈夫的反应，但是却从来没有给他一个表达自己的机会。其实，她的丈夫在感情中一直都在极力避免冲突，他更像我们前面讲到的流浪猫，不愿意去亲近别人，而在他冷漠的外表下，藏着一颗害怕受伤的心。莫妮卡的坦白也许会刺激到他，让他把自己封闭起来，甚至让他跟她大吵一架，然后逃得更远。但是说出来，莫妮卡最起码就不用再去纠结对方的反应，也不用再在脑子里胡思乱想了。再说了，难道因为担心对方的反应，就应该委屈自己，掩饰自己真实的感受和想法吗？

受害者心理

我们遇到问题的时候，总喜欢归咎于他人。莫妮卡觉得是因为自己的丈夫总是不和她亲近，两个人才渐行渐远的。说出来我们可能很难接受，就算莫妮卡这么想有她的道理，但是她在怪罪自己爱人的同时，也让自己成了受害者。你可能会认为他人的行为让自己受到了伤害，是对方做错了。你可能也会怪自己把一切都搞砸了，做出了错误的选择，让自己停滞不前。总之不管你责怪的对象是他人还是自己，最后的结果都是，你让自己成了受害者。

任何时候，当你觉得在一段关系中备受伤害时，其实就在无形之中给自己扣了顶受害者的帽子。有的时候，这顶帽子你戴戴就摘了；有的时候，你会一戴好几年，怎么也摆脱不了这种受害者心理。不妨想想你在冲突表中写的那个人，想想他做了什么让你成了受害者。现在你明白了吧？要是还不明白，就再回忆一下他人曾对你造成的伤害，我敢打赌你肯定认定这都是对方的错。哪怕自己也有错，也是对方的错更多。如果我说出了你的心里话，那就证明，你陷入了受害者境地。

一旦你认定自己是受害者，不管对方做了什么，你都会一门心思去怪对方。而你在这么做的同时也禁锢住了自己。就像在图 3.1 中，如果你跌入了谷底，即到了字母"V"的最低点，你几乎做不了什么来改变你的现状，此时的你一叶障目，不见森林。我把这种受害者境地称作"受害者之谷"。

图 3.1　受害者之谷

当深陷受害者之谷时，我们要想尽一切办法站得更高，这样才能"看到"更多。但事实上，在这个时候，我们的双眼已经被蒙蔽了，根本没有办法做出正确的选择。如果我们把两个

人的问题都怪到对方身上，那自己就什么都不用做了，一切都
要对方来负责。或者如果我们怪的是自己，那么对方就没有责
任了，一切都是自己的错。这就是受害者之谷最可怕的一点。
那么，我们要如何判断自己是否进入了这种状态呢？

　　还是以莫妮卡为例。长久以来，她都希望自己的丈夫可以
有所改变。她还专门参加了关于夫妻关系的培训，以更好地解
决两个人之间尚未解决的问题。但是每当她想要引出这个话题，
和丈夫聊一聊两个人之间的冲突时（努力挽回），对方就会故意
推脱，好几天不理她（闪躲回避）。尽管两个人没有吵起来，但
他们之间的冲突却愈演愈烈，特别是当一方想要面对、另一方
却闪躲回避的时候。在重要关系中，出现问题不处理，自然会
令人寝食难安、压力倍增。最后，两个人仿佛进入了死胡同，
莫妮卡变得更加焦虑了，并不断尝试修复他们的感情（更加努
力地挽回），而她的丈夫则开始为自己开脱，把一切归咎于莫妮
卡的情绪无常和敏感脆弱（装腔作势），并试图把冲突"大事
化小"（闪躲回避），他甚至把自己封闭起来，不理莫妮卡。在
这期间，莫妮卡也去看过心理医生，做过谈话治疗，但是一切
并没有好转，因为在咨询的过程中，莫妮卡只是不停地在诉苦，
发泄她对丈夫的不满。这不外乎就是多了一个听众而已，问题
还是摆在那里。

　　在莫妮卡看来，能做的她都做了，一切却还是不见起色，
她有点黔驴技穷了。到最后，连她自己都认为是因为自己太脆
弱、太黏人了，才让自己的感情走到这个境地。莫妮卡甚至因
此对全天下的男人都失去了信心，认为所有的感情走着走着都

终将难逃渐行渐远的命运。她深陷受害者之谷中，不停地怨恨着自己和自己的爱人，仿佛就这样永远也逃不出去了。

其实，为了改变自己的爱人，莫妮卡早就绞尽了脑汁。她曾试着让他读一些关于亲密关系的书，要求他没事的时候听一些有关夫妻感情的电台。似乎在莫妮卡看来，只要自己的丈夫有所转变，一切都能豁然开朗，他们的关系就能改善了，她就不再是个受害者了。当我们身处受害者之谷的时候，我们都会像莫妮卡一样，寄希望于这种"由外而内"的方法，认为只要对方（外）改变了，我们的感觉（内）就会变好。但是我帮助她认识到，其实更有力量的方法恰恰相反，我们应该"由内而外"地去改变。也就是说，莫妮卡应该先从改变自己（内）做起，外界（她的丈夫）才有可能跟着改变。我一再提醒她，因为她的丈夫总是喜欢避免冲突，所以要想走出受害者之谷只能靠她自己。因此，在第一次给她做咨询的时候，我就大胆向莫妮卡提议：不要再追着自己的丈夫不放，要从改变自己开始。

通过这种由内而外的方法，莫妮卡这么久以来第一次认真地审视自己，思考她能改变自己（内）什么，这样也许她的丈夫（外）也会跟着改变。

责备三角

莫妮卡慢慢明白了，自己还有一个不好的习惯——找朋友诉苦，我一直在督促她努力改正这个习惯。每当她的丈夫回避她，莫妮卡就会倍感孤单，然后发信息给自己的闺蜜艾玫尼诉苦："我丈夫又不理我了。他总是不理我，真是个混蛋。我感觉他已经不爱我了（责备）。我该怎么办？"

面对婚姻中的问题，莫妮卡的第一反应不是去寻求专业咨询师或者心理医生的帮助，而是向朋友诉苦。这对改善她的情况是没有任何帮助的，艾玫尼每次听了也只能安慰她："我太懂了，我丈夫也每天跟个石头似的，对我冷冰冰的。男人就是这样。我给他杯啤酒他就美了，这个方法屡试不爽。"

莫妮卡的抱怨带来了什么实质性的改善吗？当然没有，她每天还是那么痛苦，她朋友的安慰也并没有解决她与丈夫之间的冲突。我明白，人难受的时候难免会想和朋友倾诉，但是这并不能帮助你减轻痛苦，毕竟他们都和你一样，面对冲突时也不知道该怎么办。因此，面临冲突时找朋友或者家人诉苦，只会让自己从手足无措到惊慌失措，根本解决不了问题，因为盲人是没有办法给盲人引路的。

家庭系统理论（family systems theory）是一种人类行为理论，它将家庭视为一个情感单元，并使用系统思维来描述这个单元中家庭成员间复杂的相互作用。根据家庭系统理论，任何两个人的关系都是一个不稳定的系统，只能处理一定数量的压力或冲突。因此，当两个人在关系中遇到他们无法处理的问题和矛盾时，会很自然地利用第三方来缓解双方的情绪冲击。第三方能有效缓解二人系统中的压力和紧张，帮两个人的关系保持稳定，这样三个人之间就形成了一种"三角关系"（triangulation）。三角关系分两种：一种是功能正常的三角关系，即第三方能顺利消除两个人之间的冲突，关于这方面的内容我后面会详细阐述；另一种是功能失调的三角关系，就像莫妮卡向闺蜜（第三方）诉苦最后却把一切弄得更糟了那样。三角关系是一种非常自然和正常的关系形态，但这并不意味着第三方能帮助冲突双方解决问题。莫瑞·鲍恩[1]说过，在一个功能失调的三角关系中"传播紧张情绪只能暂时稳定二人系统，并不能解决任何问题"。[1] 莫妮卡就属于这种情况，如图 3.2，她深陷受害者三角关系之中，把自己的朋友当成拯救者，不停地跟朋友抱怨自己的丈夫是个"施害者"。

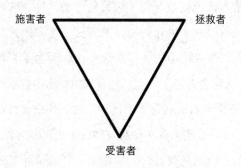

图 3.2　受害者的三角关系

　　任何功能失调的三角关系都包含三个角色：受害者、施害者和拯救者。请回忆一下你在第 2 章的冲突表中写下的那个人名，仔细想一想，你们之间是不是也存在这样的三角关系？如果你觉得自己是受害者，对方是施害者，那么谁又是拯救者？

① 莫瑞·鲍恩（Murray Bowen），美国精神科医生和家庭治疗师，家庭系统理论的奠基人，在家庭治疗中首次提出三角关系理论。他认为，三角关系是一个三个人的系统，是人类关系中最小的稳定单元。三角关系存在于所有的家庭和社会团体中。——译者注

用心体会，你可能会发现自己正与某人一同处在一个功能失调的三角关系中。可能你受不了自己丈母娘的专横，就联合妻子一起对付她。可能你也和莫妮卡一样，跟丈夫的关系一遇到问题就向朋友诉苦，寻求朋友的建议，然后对方自然而然地站在你这边，跟你一起痛骂你的丈夫。

　　功能失调的三角关系会制造出一种稳定的假象，让在冲突中痛苦不堪的人继续泥足深陷，可能好几年都走不出来。假如你把自己当成一个受害者，你就会怨怪另一个人（施害者），并把自己的精力都放在他身上，认为他亏待了你。这时你用的就是我在前文讲过的"由外而内"的方法，这样做只会让自己显得无能为力，并且找不到任何解决办法。因为受害者满脑子想的都是：只要施害者＿＿＿＿＿＿＿（空白处填上你想到的解决办法），我就不会再这么痛苦了。换句话说，你把自己在这段关系中的掌控权交给了施害者，让对方的行为决定你的喜怒哀乐；而这时三角关系中的拯救者会继续用老一套的说辞宽慰你，告诉你一切都是那个施害者的错，作为受害者的你没有任何问题。在莫妮卡的例子中，艾玫尼其实是可以帮助莫妮卡的，但是她们都被困在了在受害者三角关系中，走不出来，只是一味地抱怨莫妮卡的丈夫，这让所有人都丧失了解决问题的能力。如果没有人站出来改变这个三角关系，她们就会一直这样，越陷越深。

　　那么，要怎样才能逃离受害者之谷，拥有功能正常的三角关系呢？首先，不管自己多么不情愿，你都必须面对生活中令你不舒服的冲突。因为只有这样，你才能走出受害者的角色，掌握主动权，谱写自己的人生。

谱写者

在小的时候，我们可能经历过各种伤痛，一直充当着受害者。那时的我们没有选择权，什么都不能做。但是，现在我们已经长大了，我们有能力去改变，去做出自己的选择。至少，我们可以开始以不同的方式把这些伤痛的碎片组合在一起，换一个角度来看待它们。当我们勇于承担责任，再去回首那些过往的伤痛时，就会发现，自己可以做一个谱写者，从全新的角度去讲述过去的故事。

成为谱写者，并不需要你去否认自己过去的伤痛和挣扎，你也无须为过去的自己甘当受害者而争辩。你要做的是掌握主动权，克服自己的痛苦，积极应对眼前的冲突。在和冲突对决的时候，你不妨想象自己正从受害者的角色中脱离出来，即将成为一个可以直面冲突的谱写者。

要想做到这一点，秘诀就是不要松懈。这不能只是一时兴起，你要让从受害者到谱写者的角色转变成为你的一种习惯。从图 3.3 我们可以看出，谱写者站在最高点，俯瞰着一切，有

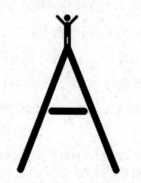

图 3.3　站在峰顶的谱写者

着更好的视野。你也可以这样！你也可以让自己站在峰顶，俯瞰整片森林！你也可以让自己看到更广阔的世界，拥有更多的选择！在你靠着自己的努力一步一步爬出受害者之谷的过程中，你的自信心也会随之增强。这一切都是你自己赢得的。你甚至可以回头看看自己曾经的处境，然后从中找到意义。[①]

　　莫妮卡明白了这一点之后，一切似乎都豁然开朗起来。她当下要做的就是，通过由内而外的方法从受害者之谷中爬出来。莫妮卡要的是夫妻间的感情变得更加深厚，并且终于明白她与丈夫两个人之间的冲突——这个她多年来一直在极力回避的问题——正是他们之间关系的助推器。莫妮卡先是和我练习了自己要说的话，然后就直接找到她的丈夫，把埋在心底的话一股脑儿地讲了出来。但是这一次，她没有指责和抱怨，只是诚实地说出了自己的诉求。走出受害者之谷的她，内心变得更加强大了。我建议莫妮卡给丈夫一个主动接近她、与她达成共识的机会，毕竟她自己也是纠结了很久才敢直面冲突的。但可惜的是，几个月过去了，她的丈夫只是嘴上答应得好听，遇到冲突时还是一味地逃避，不愿意和她一起努力。莫妮卡终于接受了这个残酷的现实——丈夫是不会改变的。于是，她收拾好心情，告诉自己要自尊、自爱、自强。她请他坐下，敞开心扉告诉他，如果到这个月底他还是这样的话，她会离婚。

　　尽管在多年的夫妻生活中她也曾说过类似的"豪言壮语"，

---

① 从我们过去的经历中寻找意义，特别是过去遇到的困难、受过的苦处，因为这能帮助我们建立自信，更笃定地向前迈进。从过去的创伤或困难中走出来，它们是你人生的里程碑。凤凰涅槃之后，迎来的是更强大的自己。

但是这一次，莫妮卡表达的方式有一些不同。第一次，莫妮卡在这件事上表现得这么坚决，而她丈夫也察觉到妻子似乎不一样了，这让他感到前所未有的恐惧。他开始意识到，自己不想失去这段感情。于是，在莫妮卡打算离婚的那一周，她丈夫主动联系了一位关系教练，加入了一个男性婚姻咨询团体，开始积极地为他们的感情而努力。

如何成为谱写者？

莫妮卡是怎么摇身一变，从受害者变成了谱写者的？其实很简单，她只是着眼于当下，把要做的做了、要说的说了而已。从莫妮卡承担起自己的责任并下定决心改变的那一刻开始，她就成长了，也成熟了。她不再躲避冲突，而是拥抱冲突，努力为自己而战。在过去的那些年里，她因为太害怕失去丈夫而忘了要诚实地对待自己。现在她不会再像之前那样了。现在的莫妮卡绝对不会再迷失自己了。她不再逃避内心的冲突了，而是选择勇敢地面对它。而且，她决定永远都要站在自己这一边。

如果我们也想让自己强大起来，就必须和莫妮卡一样，当冲突出现的时候积极地应对，这样才能掌握主动权，成为谱写者。布琳·布朗（Brené Brown）在她的《敢于领导》（*Dare to Lead*）一书中，曾引用了罗马政治家、罗马帝国五贤帝时代最后一位皇帝马可·奥勒留（Marcus Aurelius）的一句话："挡在前路的障碍最终会变成脚下的路。"长久以来，莫妮卡都在埋怨丈夫、试图改变丈夫，现在她终于不堪重负了，开始由内而外地采取行动和做出改变。只要你不再逃避，直面冲突，就能和莫妮卡一样，见证自己的巨大成长。

行动步骤

1. 你正处于什么样的三角关系中？请把它画出来，并在上面标出你所处的位置。（提示：可以从你的原生家庭入手。）

2. 你是受害者还是谱写者？在与自己在冲突表中写下的那个人的关系中，你是处于受害者之谷还是稳站谱写者之峰？这让你有什么样的感受？更重要的是，你打算对此做些什么？

3. 和他人分享你在上面写下的内容。

第 4 章

如何成为一个关系领导者？

感情中没有对错输赢。

——斯坦·塔特金（Stan Tatkin）

当你不再是受害者而是谱写者的时候，你就成了关系中的领导者。关系领导者（relational leader）有着与众不同的特质，很难泯然众人——他们拥有成长型思维模式。他们能从过往的经验中学习和成长，以掌握新的技能，克服困难，解决问题，进而提升自己的个人能力。当然，关系领导者也会去找导师或者专业人士寻求帮助，他们深谙学无止境的道理。

要想成为一个关系领导者，我们需要做到以下4点：

◆ 承认自己陷入困境，敢于张口寻求帮助。
◆ 为自己希望的结果承担个人责任。
◆ 不断学习、成长和进步。
◆ 拥抱冲突，解决冲突。

下面，让我们逐一来看看这4点。

承认自己陷入困境，敢于张口寻求帮助

还记得那天在全食超市的停车场，我绞尽脑汁地想怎么和

前女友说分手。那是我第一次缴械投降，承认自己的不对。一时间，我仿佛跌入了谷底，不知道怎么办才好。现实就是这样，如果我们不能迈出第一步，承认对自己的了解不足，就无法迈出下一步，承担起自己的责任，更无法顺利应对生活中的冲突。有的时候，我们只有跌倒了、失去了，才能下定决心做出改变。不妨试着这样对自己说"我不知道怎么办才好""我陷进去出不来了""我需要帮助"，然后用心感受一下，承认自己的生活一团乱麻是什么感觉。

有时候，仅仅承认自己在某件事上做得不好，就会让人感到害怕和羞耻，因为我们总觉得自己应该把一切都做好才对。我们可能会害怕自己身边的人"发现"我们对冲突束手无策，我们也可能会为自己"没能知道得更清楚"而感到羞愧。

我们可以自我反思一下，看自己是不是也不愿意承认自己在冲突面前是多么手足无措。我承认我有时候就是这样，太要面子了，所以会选择装腔作势。比如，其实几年前我就觉得膝盖不舒服了，但是我总觉得没什么大不了的，直到疼得不行了才去看医生。当时的我还没有准备好承认自己的膝盖有问题，自然也没有准备好承认自己在应对冲突方面还有许多东西要学习。我不停地给自己催眠，告诉自己"这没什么大不了的"。但就是因为我的这种执拗，让我的膝盖留下了病根。

为自己希望的结果承担个人责任

我知道，那天在停车场，当我承认感情失败的责任在我，真心地向对方说出"这是我的错"的时候，我的人生有了转机。从那一刻起，我不再是个受害者，我放下了对过往每个交往对象的埋怨，意识到自己孑然一身不是因为她们不够好，而是因为我自己。难道分手没有她们的错吗？当然不是，但我们还是要从自己身上找原因，毕竟别人的错误是我们没办法改变的。就好比在我的婚姻中，每一次冲突肯定也有我妻子的不对，但是如果我不能先找出自己的问题，对自己的言行负责，我就无法解决我们之间的问题。

莫妮卡也是，她起初把婚姻中的问题都归结到她丈夫身上，让自己丧失了主动权。好在，莫妮卡后来认识到，婚姻是两个人的，于是承担起了自己的责任，从改变自己开始，这才让一切有了变化。每次遇到冲突，我们身体内那个受害者都会催眠我们，叫嚣着"站在我这边，我是对的"；与此同时，我们身体内那个谱写者则会说"帮我看清我的状况吧，我愿意承担自己的责任"。

只要你可以承担起自己的责任，就会发现，原本令人头痛的冲突变得不一样了。所以，不要再自怨自艾了，更不要去怪罪他人（一开始你选择埋怨，我是可以理解的），而是要把冲突当作燃料，助力你的学习、成长，让你变得更强大。你就是那个谱写者，任何人都不能从你手里拿走那支谱写你人生的笔。所以，不要再去企盼外界能有所改变了，先从自己可以掌控的改变开始——改变你的想法、你的信念、你的认知和你的行为。

只要你和莫妮卡一样，勇于承担责任，接受改变，就能来个180度的大转变，从受害者摇身一变成为自己人生的谱写者，创造出一个全新的三角关系, 如图 4.1 所示。

图 4.1　谱写者的三角关系

从图 4.1 我们可以看出, 三角关系中每个人的角色都有了很大的转变, 以前的拯救者变成了支持者, 以前的施害者变成了挑战者。而我们, 作为谱写者, 也热烈欢迎着挑战者和支持者, 因为我们深知, 生活中就是会有各种各样的人, 当然也包括这两种人, 而这一切, 都是我们成长的关键。作为谱写者, 我们要明白, 如果想要成长, 就要经常接受挑战, 也要不时获得支持。注意, 这里我说的挑战者可不是那些挑动我们情绪的人或踩到我们底线的人。毕竟, 这种人哪里都有, 我们难以避

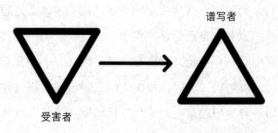

图 4.2　成为关系领导者的过程

免。我说的挑战者是指我们亲密的朋友和家人，他们在挑战我们的同时，也在支持着我们，把我们的成长和利益放在心间。

记住，让自己从受害者变成谱写者的过程，也是成为关系领导者的过程。

作为一名关系教练，在支持我的来访者的同时，我也会给他们一些挑战。因为没有经历过挑战，他们就不会成长。太多的支持反而会让他们退步。我们不妨想想那些优秀的私人教练，他们总是挑战自己的学员，鼓励学员更努力一点，这样学员才能增肌减脂，保持好的身材。如果没有这些挑战，学员就不会收获满意的结果。事实上，只要有人在不断施压挑战我们的同时又鼓励支持着我们，我们大多数人都能很快取得进步，跳出舒适区。

在我家，我和妻子就一直秉承着"挑战与支持并重"的生活理念。举个例子，我们不会随便给孩子零花钱，如果他们想要，就要自己努力去获得。当然，我们也会给他们买生活必需品，但对于那些他们额外想要的东西，他们就必须自己支付费用。哪怕他们的钱不够，也要出一份力。孩子们在这个过程中明白了一个重要的人生道理，那就是如果想要什么，就要承担起个人责任，自己去努力。

我们也会通过一些生活中的小事，比如按时上床睡觉、做力所能及的家务、自己处理冲突等，来给孩子们一些挑战。在我们的家中有一个约定，那就是一旦出现冲突，冲突双方就必须去面对、去解决。所以，每次他们之间出现矛盾，我们就会要求他们各自承担起自己的责任，把问题说清楚，直到将冲突归零。我和妻子希望通过这种方式让孩子们明白，生活中有的人虽然会给你带来挑战，但也会给你提供支持；也提醒他们，永远不要天真地以为你能一帆风顺地过日子，以为你的世界里只有支持没有挑战。尽管我希望自己的孩子永远不要经历伤痛，希望能为他们提供一个避风港，但是我也明白，这是不可能的，因为我们生活的世界就不是这样的。所以，我一直教育他们要在现实中成长。

不断学习、成长和进步

记住，成为关系领导者只是我们转换角色的一个过程、实践和步骤，要想真正摆脱受害者的角色，成为一个谱写者，我们还要抱着一颗好学的心，积极地去学习，把不明白的东西搞明白。只有不断成长和成熟，我们才能真正完成从受害者到谱写者的角色转换。其实，在读这本书的过程中，我们就是在学习如何应对冲突。以前的我们一听到冲突就害怕，现在却在这方面懂得越来越多了。这就好比我们全身长满了能对抗冲突的肌肉，有了它们的加持，再大的风浪我们也能扛过去。同时，成长的过程也是一个在新事物的学习中思维模式转变的过程，我们必须跳出舒适区，迎接挑战。当我们读完这本书并把学到的新技能运用到自己的生活中时，就会发现自己变得更强大、更了解自己了。因为，在面对冲突时，我们能把三角关系中各方的力量都汇聚到一起，朝着一个方向努力。

在这个过程中，我们的大脑也在变化和成长。研究表明，人在成年之后，大脑还可以通过学习得到进一步的开发。也就是说，我们的所思所想、所作所为，都能改变我们的大脑结构。大脑的这种特征被称为"神经可塑性"（neuroplasticity）。[1] 由此可知，通过学习掌握如何应对冲突这门技能，让我们的大脑变得更好，这是可能的。同时，我们的大脑是在人与人之间的关系中发育、成长的，因此各种关系最能够重塑我们的大脑。[2] 事实上，是我们最初的人际关系塑造了基因在大脑中的呈现方式。人际关系不融洽不仅会妨碍我们今后的生活，还会对我们的大脑发育和身心健康都产生负面影响。[3] 可惜的是，学校并没有教我们这项厉害的生活技能，所以我们必须抱着一颗虔诚的心去学习。

成长和学习之路不会是一帆风顺的，难免会有不适、挣扎和痛苦。你可能有时候会觉得：学习真的很烦呀。这一点我明白，我也经历过。我年轻时曾在一个大型滑雪场做过滑雪主教练，我的学员是一群5—10岁的孩子。当时，那里正在组建一支新的儿童单板滑雪队，却没有合适的主教练人选。尽管我是玩双板滑雪的，但因为年轻气盛，便自告奋勇承担了这项工作！可是没过多久我就发现，尽管孩子们都比我小一半，但他们中至少有3个人单板滑得比我好。每天在山上练习的时候，我都丑态百出——连我自己都数不清到底在他们面前跌倒了多少次。有时候我甚至会被远远地落在后面，需要他们停下来等我。当时的我觉得自己屈辱极了，就是一个受害者，于是想要放弃，换一个更有能力的人来带领他们。但是最后，我还是坚持了一年。现在回头看看，那一年对我来说是一个难得的学习机会。尽管当时我还不懂，但依然每天坚持了下来，每天都去尝试。

我想我也用行动教会了这帮孩子，在今后的人生中应该怎么面对眼前的困难。而且，我在单板滑雪方面真的进步了。

人生就是这样，总会有坎坷，总会有跌倒。就像小时候蹒跚学步一样，摔倒了没关系，一定要重新站起来。很多心理自助和个人成长方面的书籍都会和你鼓吹，只要你来一次精神修行、参加一次深度的精神辅导和心理咨询，就能一直稳坐谱写者的宝座，再也不会掉进受害者之谷了。事实上，并没有这种一劳永逸的好事，在关系中，我们会不断跌入受害者之谷。但是只要我们愿意学习、成长和进步，哪怕就剩一口气，也能实现角色的转换，重登谱写者之峰。在理想状态下，我们会像图 4.3 一样，尽管有起有落，但总体会从左向右沿着斜线成长、发展。我把这个上升的过程称作"赋能"（empowerment）。在这个过程中，虽然有跌宕起伏，但是随着时间的推移，通过学习，我们会变得越来越自信，并朝着成为一个关系领导者的目标稳步迈进。

我用了很多年，才学会如何拥抱冲突。但是，当亲密关系

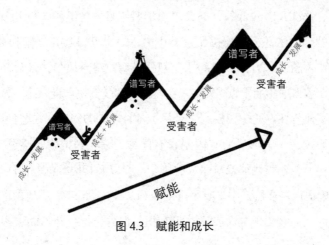

图 4.3　赋能和成长

出现问题时，我还是会恐慌，还是会去责备对方，做出一些不好的反应，还是会陷入低谷。因此，我下定决心，要用毕生时间来了解人类，学习如何处理人际关系问题和冲突。正是因为我一直都在学习，才会有成长和进步，才能让我的人生像图 4.3 那样，一直向右上方延伸。

拥抱冲突，解决冲突

在做到上面 3 点的同时，你还要看看自己是否对冲突有先入为主的认知和判断。记住，冲突不是问题所在，问题在于你要如何化解冲突。有意思的是，在学习应对冲突的过程中，你会发现自己距离想要达到的目标越来越近了。也就是说，有效的争吵是一个人从受害者转变成谱写者的必经之路，更是成为关系领导者不可或缺的一个环节。一味地避免冲突或幻想冲突不存在，你永远也不可能成为关系领导者。

每次我跌入低谷，都会想想那些心目中的英雄，以此鼓励自己。纳尔逊·曼德拉便是其中之一。[4] 1964 年，南非政府以"企图以暴力推翻政府罪"判处曼德拉终身监禁，最后曼德拉在监狱中服刑了近 27 年。在监狱中的曼德拉与世隔绝，被剥夺了他所拥有的一切权利，受尽了各种非人的待遇。在监狱中，曼德拉为了争取让所有囚犯享有同样的食物，抗争了整整 15 年。[5] 他不仅为非裔抗争，也为印度裔以及其他有色人种抗争，希望他们能在监狱中享有平等的权利。在这 27 年间，他的母亲去世了，大儿子也命丧于一场车祸，但是曼德拉却不能去参加他们的葬礼。当时的南非当局规定，黑人孩子只有满 16 周岁之后才能去监狱探视。曼德拉被判入狱的时候，女儿才 3 岁，过了 13 年他才再次见到自己的女儿。[6] 有两年，他甚至连妻子的面都见不到，需要一次又一次地和当局抗争，才能见到。再次碰到妻子的手时，已经过了 21 年。

正是因为他每一天都在和种族隔离政权做斗争，曼德拉才成了自己人生的谱写者和享誉全球的关系领导者。试想一下，如果他当初选择了逃避，又怎么能有后来的这番成就呢？身陷囹圄的每一年，曼德拉都在抗争，而且他的抗争越来越有力。当然，这个过程是艰难的，他也"失败"过，但是曼德拉内心对自由的渴望却从来没有熄灭。在他坚持不懈的努力之下，南非种族隔离政权被推翻，他也成了南非的总统。曼德拉在抗争的过程中越挫越勇，他的智慧、果敢、坚毅让他成了一个伟大的领袖。他的精神一直激励着我前行。所以，你也可以像我一样，用自己心目中的英雄来激励自己，让自己不再害怕挫折和困难，跌倒时能够重新站起来。

做到上面这 4 点——承认自己陷入困境，敢于张口寻求帮助；为自己希望的结果承担个人责任；不断学习、成长和进步；拥抱冲突，解决冲突——我们就能逆转功能失调的三角关系，让自己从受害者变成谱写者，从容应对，化解冲突。

摆脱冲突的捷径

特鲁迪很难过，因为她那已经长大成人、独立生活的儿子很少打电话关心她。每次她和儿子提到这件事的时候，明明是想让对方多关心一下自己，却总是不自觉地用上指责的语气，每句话都以"你"字开头，还老是用"从不""总是"之类的措辞，比如她会对儿子说"你从不给我打电话，一点也不关心自己的妈妈"，听了这话，儿子当然会觉得妈妈在数落他，自然会有情绪。特鲁迪后来终于有了突破，在和儿子的交谈中，她不再总是强调对方的行为，而是更多地表达自己的感受"没接到你的电话，我很伤心"。特鲁迪承担起了自己的责任，停止了抱怨，这个改变让她儿子听进了她的话。尽管没有什么特别大的变化，但是他不再极力为自己辩解了，而是开始认真思考自己是不是冷落了妈妈，给妈妈带来了伤害。同时，面对两个人之间的冲突，特鲁迪也和儿子坦承了自己做得不对的地方，"接不到你的电话我会特别焦虑，感觉你不再爱我了，所以才会忍不住去说你，但这并不能帮助我得到我想要的"。

所以，摆脱冲突最快的方法就是，承担起自己那部分责任，并承认"我"哪里做得不好，哪里出了岔子。我们不妨先热热身，做一下这个小练习：想想自己这几天做了什么欠妥当的事情，或者有什么该做而没做到的事情，并勇于承认"我大声嚷嚷了""我为了跟你赌气故意不回你信息了""我因为感到伤心和生气把你推开了"。记住，千万不要打着承担责任的旗号去指责别人。我也告诉特鲁迪，不要总是对儿子说"你冷落了我"，可以转换一下表达方式，告诉儿子"我感觉很受伤"。

另一个承担责任的小练习是，用"我的问题是……"这样的句式来表达。在第 2 章的冲突表下加一行，并在新加的第 6

行写上"冲突没能化解，我的问题在于"，仔细反思你的行为，看看有哪些地方欠妥当，然后填在后面，这就是承担自己的责任。具体可参照表 4.1。

表 4.1　在冲突中承担责任（范例）

和我起冲突的人：比尔
他做了什么：对我撒谎
想到他时我的感受：愤怒
这种感受的分值（0—10）：6
冲突持续的时间：4 年
冲突没能化解，我的问题在于：承诺太多，没有兑现

在沟通中多强调自己，可以帮助我们把注意力放在自己的需求上，而不是把错误归结到对方头上，进而治愈自己。

注意：在接下来的章节中，我还会继续扩充冲突表。

如果你还是抱着受害者心态，或者还是想要埋怨、指责别人，也请试着不要苛责自己，觉得自己做错了什么。人非圣贤，孰能无过？我学习如何应对冲突这么多年了，心里还是住着一个受害者，他会时不时出来捣乱，让我把希望寄托在别人身上，妄想从感情的痛苦中得到救赎，这样我就可以继续逃避，不用去面对它或感受它了。回想过去那 20 年，心里的这个受害者一直控制着我。这让我倍受煎熬，只能把感情的失败怪在对方的头上。

现在，我终于成了一个谱写者。我能做到的，你也可以。我们都会跌入低谷，感觉自己像一个受害者，陷入功能失调的三角关系中。但是，我相信你最终肯定能站起来，看到自己的责任，学着换一种方式去争取自己想要的，并带着在这个过程中吸取的经验，重登谱写者之峰。承担自己的责任，是摆脱冲突、争吵和各种意见不合的捷径。在下一章的内容中，我将退后一步，探讨为什么冲突对你来说这么难以应对。归根结底，这都和你最初对冲突的认知以及你为什么想要避免冲突有着千丝万缕的联系。

行动步骤

1. 你现在走到了成为关系领导者的 4 个步骤中的哪一步？哪一步对你来说最困难？

2. 和一个朋友或你的互助伙伴分享（但这个人不能是你的拯救者，而应是你的挑战者或者支持者）你的学习心得。当局者迷，旁观者清，多询问他们的建议，看看他们能不能为困扰着你的冲突提供新的应对思路。然后再想一下你是不是还有第三种甚至第四种选择，如果有的话，它们分别是什么？

第 5 章

你的关系脚本

经过 20 年的医学研究发现，我们在童年时经历的磨难真的会侵入我们的肌理，并在接下来的好几十年里都住在我们的身体里，影响着我们的成长和生理机能，带来持续一生的慢性炎症或者激素变化。更严重的是，这些童年的伤痛还很可能改写我们 DNA 的读取方式和细胞的复制方式，大大增加罹患心脏病、中风、癌症、糖尿病甚至阿尔茨海默病的风险。

——娜丁·伯克·哈里斯（Nadine Burke Harris）

你有没有想过，为什么爱人没有回你的信息会让你这么焦虑？当和自己的爱人或者同事有矛盾的时候，你会不会突然感觉自己好像回到了小时候，完全不知所措，甚至说不出话来？你是否曾经想过将世界拒之门外，谁也不见，哪怕是那些你最爱的人？我们的生活，其实是一面镜子，上面能映照出我们在年少时所有经历过的伤痛。年少时的重要关系会影响我们今后与他人之间的关系——包括如何维持关系、如何应对冲突。事实上，我们所有过往的关系经历都会塑造我们与他人相处的方式以及我们应对冲突的方式。我把这些过往的经历称为"关系脚本"。

　　如果你的终极目标是能和那些自己在乎的人冲突归零，那么你应该时不时回首自查一下，看看你的关系脚本有没有什么不对的地方。回忆过去的关系经历，搞清楚这些关系对自己的意义，你在面对人际关系的冲突时，就不会再感觉那么患得患失、孤单无助了，而是会变得比较有安全感。我明白，如果在你的整个成长过程中，身边的人都没能好好处理过冲突，那么你长大以后，也会觉得自己在面对冲突时会搞砸。好在只要你深入剖析自己的成长经历以及身边的人是如何应对冲突的，就能认识到到底是什么塑造了你对冲突的认知和行为模式，长大后你也可以带着全新的视角，重新做一次选择。同时，在这个过程中，你也会更加同理和同情自己以及与你产生冲突的人。

下面，让我们一起去我们的第一段关系中看看吧。从我们呱呱落地开始，就需要大人的照顾。我们的生理需求和心理需求（精神的、情感的、关系的）都依赖这个照顾者，所以这个人的存在对我们的成长而言至关重要。这个照顾者就是我们的"依恋对象"①（attachment figure），这段最初的关系就是"依恋关系"（attachment relationship），而这段依恋关系是我们今后所有关系的脚本。

"依恋"（attachment）这个词来自依恋科学——发展心理学领域的一个研究分支，主要研究照顾者和他们的孩子之间的关系。研究人员在依恋科学中仔细研究了亲子关系及亲子之间的心理联系是如何影响孩子一生的发展的。

安全型依恋

通过对不同文化中的孩子和照顾者之间的关系进行长期的研究，研究者发现，一个孩子在生活中（尤其是关系中）表现得如何，取决于这个孩子在成长过程中是否从至少一个照顾者的持续陪伴中获得了安全感。[1] 作家、教授兼精神病学家丹·西

---

① 我用"父母"和"照顾者"来指代抚养我们长大的人。也许有的人在成长过程中并没有父母相伴左右，也许有的人在长大成人的过程中得到了许多人的帮助，比如兄弟姐妹、邻居或亲戚。

格尔（Dan Siegel）博士把这种安全感称为"安全型依恋"。[2]
西格尔提醒我们，安全型依恋并不要求父母保持完美，而是要
求父母愿意去了解自己、了解自己的孩子，愿意去解决彼此间
不可避免的冲突、修复彼此间的关系（关于这部分内容，我后
面会详细介绍）。

　　在我看来，在安全型依恋的状态下，孩子是有安全感的，
他们的需求能得到关注，他们的感情能得到慰藉，并且有人为
他们提供支持和挑战。①表 5.1 列出的 4 种关系需求（relational
need）就像 4 块积木，一起构建了我们的关系脚本。②

表 5.1　4 种关系需求：构建安全关系的基本要素

感情能得到慰藉	有人提供支持和挑战
有安全感	需求能得到关注

　　在我看来，有安全感、需求能得到关注、感情能得到慰藉，
而且有人提供支持和挑战，是我们人类的基本需求。其中每一
个需求的满足，都能让孩子更加快乐并朝着更好的方向成长。
作为成年人，我们也有着同样的关系需求。但是安全的成人关
系需要双方互相满足对方的需求，而安全的亲子关系只需要父

───────────────

① 我在本书对安全型依恋的定义和西格尔博士提出的有所不同。西格尔博士认
为，在安全型依恋的状态下，孩子是有安全感的，他们的需求能得到关注，他
们的感情能得到慰藉，同时不会受到威胁。我把最后一条"不会受到威胁"改
成了"有人为他们提供支持和挑战"，因为在我看来，这在让孩子免受威胁的同
时还为他们带来了更多的安全感。
② 为了方便读者理解，我在书中把这些需求统称为"关系需求"，其实称它们
为"社会心理需求"更恰当。

母单方面满足孩子的这 4 种需求即可。在本书中，我把这 4 种需求统称为"情感联结"，因为这些需求能帮助我们在与他人发生冲突或断开联系后重新建立联系。

如果你年幼时拥有安全型依恋关系，那么在你的眼中，关系就是值得依靠的港湾、值得信赖的资源。在成长的过程中，你的世界就不会只有自己和父母，你还会和其他人建立关系，并且你的内心不会有太多的矛盾和冲突，因为你想说的话有人用心听，你想做的事也有人认可。不知不觉中，你会更相信自己。这并不是说，你在年幼时没有经历过冲突，而是每次遇到冲突和隔阂时，你的照顾者都会和你一起面对，帮你与冲突的另一方重归于好。你也会随着每一次的冲突成长和蜕变，从而对人际关系和自己更加有信心。研究表明，拥有安全型依恋关系的孩子长大后在各个领域将表现得更加游刃有余，他们更自尊自爱，更能控制自己的情绪，学习成绩更好，能更从容地应对压力，与父母的关系更和谐、更愉快，具备更强的领导素质，在恋爱中更温柔、坦诚，对他人更有同理心，社交能力更强，拥有更多有意义的关系，在职业发展方面也更前途无量。[3]

安全型依恋就好比地基，地基牢固了，即使面对生活中的人际关系挑战，我们的关系之塔也不会倒塌。正如西格尔博士所说，安全型依恋就像我们的避风港，也像我们的发射台。当生活中的风浪把我们击倒时，我们可以随时回到避风港（你的依恋对象）中修复自己，在照顾者（或者其他人）的帮助和鼓励之下，用不了多久，我们就又可以迎接生活中的挑战，重新被"发射"到世界中去了。只有上述 4 种关系需求长期得到了满足，我们才能拥有这个"安全基地"。

如果你在面对冲突时手足无措，总是感觉没有安全感，那么很可能是因为研究人员所说的不安全型依恋[1]。

不安全型依恋

如果你年幼时，父母或照顾者一会儿对你冷冰冰的，一会儿又对你过分亲近，你们之间就会形成不安全型依恋关系。如果你的照顾者因为某些原因行为无常、难以捉摸——甚至有暴力倾向，如果你的 4 种关系需求中有任何一种得不到满足，你就可能会觉得所有关系都是不可靠的。或许你在成长过程中和照顾者之间的冲突总是没有办法得到很好的解决，你们之间的关系也没有得到很好的修复；或许你长期处于被忽略的状态，在情感上总是没有安全感；或许每次当你想表达自己想法的时候，就有人指责你，对你恶语相加，让你无地自容。这些经历可能会让你认为人际关系是不安全的，让你选择伪装自己的情感，不敢随意表露真情。这样一来，你不仅会对自己产生怀疑，对人际关系也会感到更加迷茫和不确定。根据依恋科学，不安全型依恋会影响我们的可塑性，以及我们了解自己和与他人建立关系的能力。[4] 童年时期经历的不安全型依恋关系会让你在成年之后，也没有办法应对那些重要关系中的冲突，给你以后的

---

① 依恋类型可分为安全型依恋和不安全型依恋两种主要的类型，其中不安全型依恋又分为焦虑回避型依恋、焦虑矛盾型依恋以及混乱型依恋。在本书中，我只对安全型依恋和不安全型依恋进行了区分。

生活带来各种各样的问题。

天啊！这样的父母是不是注定会"毁了自己的孩子"？父母应该全天候守着孩子，随时待命吗？当然不是，让父母事无巨细地满足孩子的要求，那是不现实的。毕竟，父母也是人，不可能是完美的，不管他们多么努力地想要百分之百满足孩子的需求，都是不可能的。任何一个正常家庭的父母和孩子之间都会有争吵和冲突，这种情况可能多到无法计算。毕竟，由于各种原因，有的时候父母就是无法满足孩子的情感需求，无法在孩子感到不安的时候陪在左右。

发展心理学家爱德华·特罗尼克（Ed Tronick）博士，也是"静止脸实验"①的首席研究员，他认为父母与孩子没有互动交流的时间占生活全部时间的 70%，但这种"无联结"的状态对孩子的成长至关重要。[5] 什么?! 父母和孩子之间没有互动交流的时间居然这么久？并且这么长时间的"无联结"状态是正常的？特罗尼克博士通过研究发现，这些"无联结"状态并不会带来亲子问题。恰恰相反，这是正常、健康的亲子关系的一部分。那么，到底是什么让我们没有安全感呢？答案是，父母和孩子之间缺乏关系修复和重新联结的过程。也就是说，有矛盾冲突没关系，但是如果不采取行动重新建立联系就有问题了。根据特罗尼克博士的研究，如果父母和孩子之间断开的关系没有得到修复，会给孩子带来巨大的压力，孩子为了应对这种压力不得不做出一些补偿行为，这会导致一系列其他问题，其中

① 静止脸实验对于儿童发展研究和儿童关系能力研究有着重要的意义。如果你还不了解这个实验，强烈建议你去网上搜索一下。

最主要的问题就是，孩子在亲密关系中总是缺乏安全感。

因此，在孩子的成长过程中，父母如何回应孩子的需求，如何化解他们关系中无法避免的冲突，对孩子的关系脚本有着极大的影响，这种影响甚至会持续一生。说得简单一点就是，安全型依恋关系的建立需要 3 个步骤——建立联系、断开联系、重建联系，而且在这 3 个步骤中，重建联系特别重要。我们可以回想一下在第 2 章中学过的冲突修复循环，如图 5.1，由下图可以知道，在我们的一生中，要想建立安全型依恋关系，就必须经历这个过程。

保持联系

断开联系

重建联系

图 5.1　通过冲突修复循环实现冲突归零

在这里我要特别指出两点：一是在人与人之间的关系中，断开联系（通常是由冲突和矛盾造成的）是非常正常且必要的一部分。二是要想拥有安全、灵活、良好的关系，重建联系是冲突修复循环中非常重要的一步。当我们感觉自己和在乎的人断开联系、渐行渐远的时候，肯定很痛苦，但是我们也要明白，这是难以避免的。好好读这本书，把我们的焦点从冲突本身转移到重建联系上。我们从小耳濡目染，跟着身边的大人学习怎么应对冲突，长大后我们可能会运用同样的方式来应对，但如果我们通过学习不断提高自己这方面的能力，我们就能决定这个循环如何向前发展。

还有一个值得深思的发现。如果孩子处于一个有冲突的环境中，断开的联系长期得不到修复，关系需求一直得不到满足，长此以往，孩子就会开始自己想办法用更多的注意力来防范威胁，随时处于戒备状态之中。由于孩子的注意力是有限的，这样必然会影响他们正常的成长和学习。值得注意的是，真正的问题不在于断开联系，而在于断开联系后没有重建联系，这对孩子的大脑、神经系统以及自我意识的发育都有很大的危害。

面对这种情况，大多数孩子都会刻意改变自己的表达方式，以重建与家人的关系，摆脱这种被遗弃、被拒绝的感觉，好让自己不再那么恐惧。人都害怕被拒绝，害怕没有人爱真实的自己，害怕自己孤立无援。当婴幼儿时期的孩子在情感上没有安全感，总是被忽略，又得不到家人的支持和关爱时，就会想办法保护自己不受伤害。这时，他们通常会觉得自己别无选择，只能改变自己的言行，以希望自己的需求能得到满足。因为对孩子来说，这可是生死攸关的大事。在下一章中，我将继续与你们探讨孩子采取的策略，以及父母应该如何应对孩子所采取的策略。

好在，只要照顾者能够及时应对关系中的冲突，并采取适当的措施重建联系，孩子们就能继续茁壮成长。他们依然会觉得"我很好""我们都很好""整个世界很好"。有矛盾没关系，哪怕双方一时间断开了联系，产生了冲突，只要能及时采取措施修复，就能重建联系。

我们年幼时与家人的关系是这样，成年后那些重要关系也是这样。你今天怎么应对冲突，不仅在无形中揭示了你的过去，也说明了你现在在自己的亲密关系中到底有几分安全感。不用担心，冲突修复循环就是冲突归零的过程，你马上就要学到。基于多年的经验，我把冲突修复过程看作一个循环过程，因为这个过程会在你今后的人生中不断重复，所以你要学习如何将冲突归零。同时，在这个循环过程中，你还可以发现自己的不足。在保持联系、断开联系和重建联系的过程中，哪个步骤对你来说是最困难的呢？

断开联系是难以避免的，所以我们更应该把注意力放在接下来要做的事情上，即重建联系。

长期轻微断联

能和自己在乎的人紧密相连，是人生幸事。而当我们与他们产生冲突、断开联系时，我们必然会感觉很孤单，想要重归于好。但是如果小时候的我们在关系修复和重建联系的过程中屡屡失败，时间久了，我们可能就会习惯这种近在咫尺却远在天涯的感觉。这种长期轻微断联的状态并不意味着冲突已经归零了，只不过是你把自己的底线降低了，但是你很难意识到这一点，因为你从小就生活在这样的环境里。举个例子，假如你的原生家庭总是忽略你的感受，而且家庭成员之间都不太注重情感交流，有了冲突也从不解决，你可能就会习惯在遇到冲突时自己回房间埋头于书海之中或独自一人在屋后玩耍。因此，断开联系就成了你的底线，人际关系也不会给你带来滋养。那些从来没有成功化解过关系中的冲突的人从不曾品尝过重建联系的美妙，甚至以为这种长期轻微断联的感觉并不是断开联系，反而是一种"联结"。

说真的，很多人因为自己在 Facebook（脸书）上的好友有几百个，就觉得自己有一大票知心人。但事实上呢？好友再多，也掩盖不住他们内心的空虚。也就是说，哪怕身边有人陪伴，我们还是会有断开联系的感觉，因为这个时候我们的 4 种核心的关系需求并没有得到满足。只有当我们有安全感，我们的需求能得到关注，我们的感情能得到慰藉，并且有人为我们提供支持和挑战时，我们才会有那种与人紧密相连的感觉。因此，如果你的伴侣不关注你的感受，也察觉不到你的孤单，很可能是因为他们最初的关系脚本影响了他们。

不要担心，过去的都过去了，不管曾经的你经历了什么，都是时候释怀了，因为你的过去不一定能决定你的命运。毕竟，大脑的可塑性极强，你可以通过学习如何进行冲突修复循环来重新开始这个过程（这里指的是经验依赖型神经可塑性）[6]，尤其是在成年人的关系中。如果你曾经历过创伤，如果你曾被无视过，如果过去的记忆让你不堪回首，以至于到现在你都不能正视它们，你该怎么办呢？你大可不必纠结于过去，因为你当下在亲密关系中的一言一行都映照着你过去的点点滴滴，特别是当你身处压力和冲突之下时。所以，不妨想想在亲密关系中，你上一次像个 5 岁小孩一样无理取闹是什么时候，上一次隐藏自己的真心是什么时候。虽然这样做能让你逃避一时，但是不能让你逃避一世，你的关系脚本会一直影响着你。

斯科特和罗诗尼共同育有 3 个孩子，他们之间存在一个很大的分歧。在罗诗尼看来，斯科特过于严厉，在家里制定了各种条条框框。而斯科特呢，他希望罗诗尼能和他站在一条战线上，用这些规矩约束一家人的言行。但是每当斯科特试图让罗诗尼跟自己统一战线时，罗诗尼都觉得他过于死板，而且控制欲太强。这让斯科特很沮丧，觉得自己的爱人并不尊重自己在家中的地位。这对夫妻之间的冲突是不是听上去还挺常见的？那么他们要怎么做才能将冲突归零呢？

随着了解的深入，我发现斯科特自小长在一个重组家庭中，父母总是太忙无暇照顾他，家里的一切也都是杂乱无序的。哪怕现在已经长大成人，有了自己的家庭，那段无人关怀、三餐不定的成长经历还是影响着斯科特，但凡感到事情有一点不在自己的控制范围内，他就会爆发，然后对家人三令五申。斯科特感觉妻子和孩子不仅不理解自己，而且似乎还故意和他作对。这一切的诱因其实就是斯科特的关系脚本，童年的生活在他成年后的婚姻中映射了出来。当我帮斯科特和罗诗尼找到冲突的根源后，一切开始发生改变。罗诗尼终于能感受到斯科特在成长过程中是多么孤单和无助了。而斯科特也开始理解并欣赏妻子的这种放任孩子自由成长的育儿方式了。在无数次相互交流的过程中，两个人拥抱、流泪、和解，不仅将他们之间的冲突归了零，还收获了更加稳固的感情。

另一层安全感

我们在关系中是否有安全感，有一个重要的决定因素，那就是我们的父母是否能够进行自我反思。西格尔博士通过研究发现，孩子未来是否能形成安全型依恋关系，最重要的就是看他们的父母能不能结合自己的人际关系经验，适当地进行反思。[7] 哪怕你还没有孩子，也可以通过反思来获得更加牢固的感情。如果西格尔博士的话是真的，那么反思真的很重要，所以在这本书的学习过程中，你需要做很多反思练习，以帮助你在感情中收获更多的安全感。

不管是否已经为人父母，你越是了解自己，就越能理清自己的人际关系，自然也能在人际关系中收获更多的安全感。关于这一点，我真的深有体会，自我反思在我的婚姻中真的太重要了，我经常会静下来反思自己哪里做得好、哪里不够好，我的妻子也是。这些年来我们夫妻都在不断地学习、摸索和反思中共同养育我们的孩子。现在回想一下，真庆幸我在有孩子之前就先学会了怎么应对冲突。不然的话，我肯定会因为自己的情绪和孩子们撒气，还会一辈子躲着跟妻子的冲突。

家庭影响

关于关系脚本，还有一点很重要，那就是我们对冲突的反应是从我们的成长经历中照搬过来的。家里的大人如何修复冲突，决定了我们容忍冲突的能力，我们是避免冲突还是激化冲突，以及我们在发生冲突后如何重建联系。举个例子，如果从小家里有了冲突，冲突双方都不主动和解、重建联系，很可能你长大后在自己的人际关系中也会这么做。这种长期轻微断联的状态也许能暂时麻痹自己，让自己以为"我们的关系还不错"，但是长此以往，你和你在乎的人之间的信任会慢慢被腐蚀掉，关系中的亲密感和安全感也将荡然无存。再比如，如果从小你接受的教育都在告诉你，冲突是不好的或不对的，一定要不惜一切代价避免冲突，那么你在关系方面的发展和成熟就会受到阻碍，在那些压力很大的重要关系中也总是会感到手足无措。当然，如果你努力学习怎样成为一个关系领导者，也可以扭转这种局面。

　　讲到这里，希望你已经明白了为什么冲突会让我们所有人都这么头疼。毕竟，我们不仅没学过怎么正确地应对冲突，还从家人和身边其他人那里习得了一些错误的方法。好在我们可以把这些作为反面教材，以激励我们推进自己的冲突修复循环。一定要特别注意重建联系这个过程，做好了这一步，你就能收获幸福感。

　　冲突修复循环其实并没有要求我们做到尽善尽美。特罗尼克博士的研究清楚地表明，要想时时刻刻都与别人，或感到与别人紧密相连是不可能的。所以，也不要妄想冲突归零以后我们能一直保持这样和谐的状态。我讲过很多遍，冲突是生活的一部分，很多时候我们的需求就是得不到满足，我们就是会受到伤害。既然断开联系是不可避免的，那为什么不把注意力放在下一步的举措上呢？好好想办法去修复冲突、重建联系吧。当然我们也要明白，有的伤害是难以挽回的，再怎么修复也不能为过去的错误行为辩解。但是不管怎么样，在冲突修复循环中做得越好，我们的重要关系就会越稳固，我们的内在自我就会感到越安全。

为了重塑一个更好的关系脚本，下一章我们将把焦点放在我们的内心冲突上。当然，这些内心的冲突和我们童年时的经历脱不了干系。

行动步骤

1. 反思你的关系脚本，想一想你和自己的照顾者之间的依恋关系是不安全型的还是安全型的。这对你今天应对冲突时的表现有什么影响，你愿不愿意通过对自己过去的关系脚本赋予新的意义来改变你现在的状况？

2. 回顾 4 种基本的关系需求，看看在自己最重要的关系中，哪些关系需求得到了满足？你是否也觉得这些需求影响着我们在关系中有没有安全感？在你视为珍宝的关系中，你有没有满足对方这 4 种需求？

3. 画一个冲突修复循环的草图。告诉我，你是否已经准备好在余生不断地经历这个循环？如果你还在犹豫，你在害怕什么？还有什么想法阻碍着你？

4. 和别人分享你在上面写下的内容。

第 6 章

你的"惊弓之鸟"模式

当我们掩饰自己的真实情感时,免疫系统和神经系统都会受到影响。这种对情感的压制看似是你选择的生存策略,实则是一种心理疾病。

——加博尔·马泰(GaBor Maté)

你有没有想过，为什么你会因为爱人无意间的一个面部表情而倍感压力？为什么你会因为好朋友对你沉默以待就难过不已？为什么你会因为工作中的某个人而气得晚上睡不着觉？当我们感觉受到了威胁的时候，就会立即启动"惊弓之鸟"模式。除非我们能妥善处理，否则就会沉浸在这种情绪中出不来。哪怕有一点点威胁，我们的神经系统都会做出反应，帮助我们进行应对。其实，冲突之所以这么难解决，很大程度上是因为我们夸大了威胁，然后说了一些不该说的话，做了一些让自己后悔的事。

对很多人来说，那些最痛苦的经历很可能都和他人有关。可惜的是，哪怕生活中不断有难以对付的人出现，还是没有人教我们怎么应对冲突、怎么控制自己的反应、怎么让自己不那么"难以对付"。

我太太几乎每周都会惹恼我一次。我们 2003 年就在一起了，现在是 2021 年，这么算来，她已经惹恼（通过提高音量、沉默、迟到等方式）我足足 886 次了。我想这些年来，我惹恼她的次数更多。被他人惹恼是我们生活中不可或缺的一部分，这和冲突一样，存在于所有好的关系中。这是没有办法的事情，所以千万别幻想自己能像著名的精神导师埃克哈特·托利（Eckhart Tolle）那样可以永远不被人惹恼。我们都是凡人，都有被别人惹恼的诱因，也总是会有人有意无意地招惹我们。是不是觉得我说得太夸张了？要是不相信的话，可以搬来和我住一段时间看看。①

要想了解这些诱因，进而攻克它们，我们必须了解我们的大脑和神经系统以及它们是如何工作的。了解了一个人是如何被惹恼的，我们可能就不会那么容易抓狂了，也能变得更加睿智、平和，还能更快地将冲突归零。

当我们感受到了威胁，不管这个威胁是真实存在的还是想象出来的，都会触发我们身体的警报系统，以保护我们的安全。面对极端威胁时，逃跑、战斗、僵在原地动弹不得，都是我们的正常反应，在一些情况下，我们可能还会晕倒或者本能地躺下来装死。我们不妨把身体内的威胁探测系统看成我们身体的终极安保系统，就是这个系统在为我们的身体"家园"保驾护航。当然，什么事情都有两面性，这个系统好是好，但是它会一直保持开启状态，想关都关不上。它有时还会混淆真正的威胁和想象的威胁，日常冲突通常就是这么发生的。

在一次录制播客的过程中，我采访了作家兼科学家史蒂芬·波吉斯（Stephen Porges），他提出了广受推崇的多层迷走神经理论（polyvagal theory）。史蒂芬在采访中分享了他和妻子之间的一个小故事。他的妻子休·卡特（Sue Carter）是

---

① 真希望埃克哈特能搬来和我住上一段时间，我保证我能在几周之内惹恼他。

一名研究催产素的专家。一天早晨，史蒂芬睡醒后就直接起床，由于起得太猛了，导致他感觉头晕目眩，脸上露出了一反常态的表情，在一旁的妻子看到丈夫的表情后误以为他生气了。就这样，发生在丈夫身上的事，被妻子解读成了另一件。好在两个人后来通过沟通解开了误会，但是这种误会确实会导致夫妻双方发生冲突。如果处理得不好，不仅伤感情，还会伤身体。

由此可见，"惊弓之鸟"模式并不能简单地用"好"或者"坏"来评断。如果我们总是处于高度戒备的状态，身体也会吃不消，容易引发炎症。我们体内的炎症越多，我们的身体就越会攻击自身的组织，导致我们的免疫系统失调并引发各种疾病。[1] 但是有时候，我们的威胁探测系统也会给我们带来福利。比如，在深夜的停车场里，你感觉有人正跟着你，在这种情况下，你的大脑就会开始想办法，同时调动你的身体积极采取行动，化解眼前的危险。我们的威胁探测系统十分聪明，只致力于完成一项工作——评估我们是否安全，是否有危险正在靠近我们。① 未来那么长，总会有人"威胁"到我们，或许在几小时后，或许在几天后，或许在几周后，所以我们一定要学会如何充分利用"惊弓之鸟"模式。

---

① 史蒂芬·波吉斯将我们的威胁探测系统称作"神经觉"，即大脑自动产生侦测环境是否有危险的能力，这是他的多层迷走神经理论的一部分。

威胁之下的前后脑

简单起见,我们不妨把大脑分为两部分[1],来看看当面对潜在威胁时,这两个部分是如何运行的。在这里,为了帮助你们更好地理解这部分内容并将其应用于实践,我把复杂的大脑简化为两个部分,分别用"后排座位"和"前排座位"来指代,如图 6.1 所示。

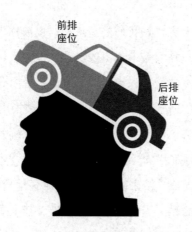

前排
座位

后排
座位

图 6.1　简化版大脑构造图

后排座位

大脑的后排座位包括脑干和边缘系统,正是这一部分负责开启我们的"惊弓之鸟"模式。边缘系统的重要组成部分包括

---

[1] 我知道保罗·麦克里恩(Paul MacLean)的三脑理论和许多其他研究,也明白大脑不可能真的被简单地分成两部分。我做这样的区分只是为了更好地说明大脑在面对威胁时的不同机制。

杏仁核，它的形状像颗杏仁，负责探测潜在的威胁，然后通过释放皮质醇和肾上腺素，向我们的身体发出警报信号。于是我们身体的各个部位会做好准备，严阵以待。"惊弓之鸟"模式只有一个目标，就是保护我们。它才不会去思考威胁是真是假，它想的只是如何保护我们免受危险。

前排座位

前排座位上主要是我们的新皮质，也被称为额叶皮质、前脑或前额皮质，是大脑中负责逻辑和思维的区域。人类区别于其他动物最根本的就是人类具有思维。神经内分泌学家兼作家罗伯特·萨波尔斯基（Robert Sapolsky）指出："是我们的额叶皮质审时度势，帮助我们做出了理智又正确的决定，即使决定要做的事很困难。"[2] 这就是说，当我们"坐在"前排座位上时，就能一路向前，结束冲突；就能负责任地驾驭自己的生活，并与他人建立联系。当我们害怕的时候，新皮质会让我们重归理性，知道如何应对他人。而在和解之后，新皮质又会让我们看到自己在冲突中的过失，勇于承担起自己的责任。此外，我们之所以能与别人共情，也是因为新皮质的存在。

通常情况下，当我们感到有压力的时候，位于前排座位的新皮质会受到损伤。要是我们被卷入了冲突之中，或者感觉受到了威胁，新皮质就会直接罢工。也就是说，我们的逻辑、理智全都会消失，没有办法正常思考，只能任凭更原始的大脑区域（后排座位）主导着进行反应，就像受惊的动物一样。所以说，每次进入"惊弓之鸟"模式，我们就会变得失去理智、冲动易怒，还会说一些口是心非的话，甚至连行为举止都一反常态。我们不妨仔细想想，动物可不会开车，只有我们人类才可以。这种原始系统已经为我们人类服务了数百万年，因此我们在关系中常常控制不住自己，鲁莽行事，就和原始人受到大型食肉动物攻击时的反应一样。这对那些长期陪伴我们的家人和爱人来说都是很大的伤害。我们爱的人可能无意中就触发了我们这套古老的生存系统，而我们却在冲突面前束手无策，不知道该如何妥善地应对它。那些容易生气、经常发怒、脾气不好、敏感多疑的人，会吓到身边的伴侣和家人，把他们越推越远；反之亦然。

好在，只要能回到前排座位上，让新皮质重新掌控方向，我们就可以找回那个理智、成熟的自己。新皮质能帮助我们冷静下来，恢复理性思考，重新客观地审视发生的一切。有时候把车停到一旁，喘口气，歇歇脚，也没什么不好的。接下来，让我们一起来学习怎么坐回前排座位吧！

受刺激程度

从前排座位到后排座位的差距到底有多大呢？我们不妨用数值来测量一下。如图 6.2 所示，我用分数 0 到 10 来表示我们的受刺激程度。0 分表示一切安然，我们享受着当下，没有一丝不安。数字越大，表示我们离内心的平静越远。在前排座位的时候，我们的状态差不多在 0—5 分这个区间；而在后排座位的时候，我们的状态就到了 6—10 分这个区间。在前文冲突

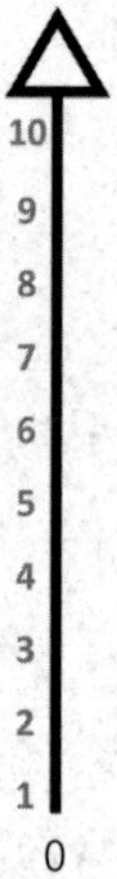

10
9
8
7
6
5
4
3
2
1
0

图 6.2 受刺激程度量表

表的第 4 行，我曾要求你根据自己写下的人名和你们之间的关系，给你的感受打分。这个分数的高低，也是你的受刺激程度。

要知道，我们的自主神经系统包括交感神经系统和副交感神经系统两个系统。交感神经系统和副交感神经系统与大脑协同工作。当外在压力或者与他人的冲突影响到我们，导致我们的受刺激程度上升的时候，交感神经系统就会调动我们全身的资源，以积极应对眼前的危险或威胁。我们随即会出现心率加快、出汗、腹部收紧、视野变窄以及许多其他身体反应，这都是因为我们受"刺激"了。如果你的受刺激程度达到了 10 分，就表示你的交感神经系统已处于极度活跃的状态。好在，我们平日里的那些冲突很少能让我们的感受达到 10 分。10 分是一种极端状态，是当你感到极度恐惧、羞愧或者愤怒时才会达到的状态。①

---

① 要是我们的受刺激程度超过 10 分会怎么样呢？要是到了 11 分，那就完全不是一种情况了，这说明我们正面临着危及生命的问题，已经完全不在车上了。别忘了，我们的自主神经还包括副交感神经背侧支，它可以在某些情况下帮助我们"免于一死"。这就是所谓的"微弱的反应"。这个时候，我们的"惊弓之鸟"模式也启动不了了，我们所有的血液会离开四肢，转移到我们的核心器官上，我们的心率会降低，整个身体开始积极地储备能量，以便我们恢复后可以战斗或者逃跑。我们的身体十分聪明，在储存能量的同时，会释放那些多余的或没有用的能量，这样等威胁过去之后，我们就可以调动全身的资源，重新找回安全感。讲到这里，你已经明白了我们的大脑和神经系统是如何帮助我们应对冲突或者危机的了吧。不管危机是大是小，我们都自有一套应对方法。好在在日常生活中，大部分人都不会因为关系冲突而危及性命。

举个例子，假设你有个邋遢的室友，他不仅把垃圾扔得到处都是，还从来不刷碗。哪怕你再能忍气吞声，和他住上几个月，也会抓狂。这个时候，你的受刺激程度可能是 3 分或者 4 分。你感觉自己还能忍一忍，是不是？但是如果你的忍耐换来的只是他的得寸进尺——他把臭袜子也扔在沙发上。碰巧这一天你也很不爽，他撞到了你的枪口上，你可能就会爆发，说一些难听的话，甚至开始威胁他。这个时候，后排座位的"惊弓之鸟"就会掌控你，让你全然失去冷静和理智。

在日常生活中，如果你感到平静、安心、有安全感，你的受刺激程度就接近于 0 分，你就处于"休息和消化"的状态。此时，不仅你的身体能得到休息，你吃的饭、经历的事都能在这段时间里慢慢消化，你也能享受与他人的紧密联系。[①] 受刺激程度是 0 分，意味着你找到了内心那个真实的自己。此时的你能控制自己的思想，在享受着爱和关怀的同时也记挂着身边的人。想来这就是史蒂芬·波吉斯所说的"社会参与系统"（social engagement system），在这个系统中你从容淡然，享受着感情的美好。

但是每当威胁来临，你还是会脱离 0 分的状态，调动全身资源，以保护自己，这会让你采取装腔作势、崩溃自闭、努力挽回、闪躲回避这 4 种策略的一种来应对这种断开联系的状况。感受到的威胁越严重，你的交感神经系统就越是占据上

---

① 书中对神经系统的介绍十分简单，以便大家在学习时能够把更多的精力放在如何应对冲突上。对于想了解更多这方面知识的朋友，推荐你去看看丹·西格尔和史蒂芬·波吉斯的研究。

风，你在图 6.3 的分值就会越高。也就是说，从你感觉受"刺激"的那一刻开始，你就会连油门也不踩了，方向盘也不抓了，有效沟通的能力直线下降。与此同时，你的心跳开始加快，在毫不知情的情况下就把驾驶的任务交给内心的"惊弓之鸟"。这就是当你责怪自己的室友又乱扔脏袜子的时候你身体的经历和感受。

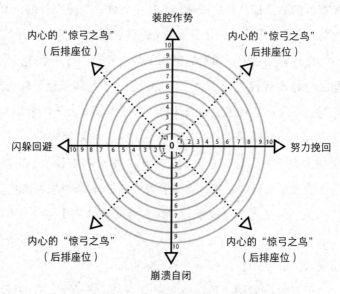

图 6.3　当内心的"惊弓之鸟"掌握主动权

从前排座位到后排座位，也就是一瞬间的事，差不多可以用纳秒来计算。所以当遇到危险的时候，我们内心的"惊弓之鸟"还是很了不起的，可以跳过大脑的思考，在瞬间帮助我们的身体采取行动。比如，如果我们突然听到震耳欲聋的轰隆声，就会不假思索地立马抱头蹲下或者采取别的措施。这个威胁探测系统会一直支持我们，除非它失灵。我们对眼前所发生的事情的判断快是快，但是很容易出错，在史蒂芬举的那个例子中，妻子苏对他的面部表情做出与事实相悖的解读，就属于这种情形。

所以，我们一定要学会如何使用这个复杂的系统，不然的话，我们内心的"惊弓之鸟"就会掌握主动权，它可不在乎冲突归不归零，它关心的是如何让我们挺过去。因此，在冲突中和冲突后，真正让我们感到棘手的不仅仅是与我们发生冲突的人以及他们的反应，还包括我们要怎么与自己内心的"惊弓之鸟"相处。

调整你的"惊弓之鸟"模式

有没有想过，你其实可以调整自己的"惊弓之鸟"模式，让它从一只容易害怕的小动物，变成一个善解人意的小生灵，换一种方式继续陪伴在你左右。要想完成这种转变，自然少不了引导，而能帮到它的就是前排座位上那个理智的你。通常情况下，一旦起了冲突，你会觉得自己或对方"太怎样"或"不够怎样"。你可能听过别人这样评价你——"太敏感""太情绪化""太黏人"，或者这样评价你——"对别人漠不关心""不够善解人意""不知珍惜"。可能在成长过程中，你身边的人还告诉你"有了冲突，尽量不要提起"。很多时候，你都会尽己所能地避免冲突，希望这样能让冲突尽快烟消云散。

在这里就不得不讲一讲布兰登的故事——他一生都在避免

冲突。每当身边的人和他意见不合的时候，他就会被触发，不管这个人是他的同事、朋友还是爱人。不过同时，布兰登也会用最快的速度平复自己的情绪，把自己的真实想法隐藏起来。他告诉我，小时候父母都喊他"过儿"①，因为他总是"反应过度"。当一个孩子反应过度的时候能做什么呢？年少的布兰登只能回到自己的卧室打电子游戏，一玩就是几个小时，尽他最大的努力安抚自己内心的"惊弓之鸟"。布兰登很努力地想让自己不要这么敏感，因为他的"反应过度"会给家人带去很多困扰。于是渐渐地，他学会了忽略自己的感受，把所有的情绪都隐藏起来，哪怕在他平静的外表下内心已经爆炸。因为在他看来，他的父母对他的敏感没有多少耐心。随着时间的推移，这些无处安放、被他咽进肚子里的情绪不仅没能帮助他缓和与家里的矛盾，反而带给了他无尽的痛苦。

　　在这里我们要明确一点：如果父母告诉孩子不要在意自己的感受，其实就是让孩子忽略内心那个真实的自己，不去相信自己，这样反而不利于孩子的成长，对孩子今后的人际关系也会产生不良的影响，因为这会让他们在冲突面前更加无力。那些总是隐藏自己情绪的父母，往往会这么要求自己的孩子，大概也是因为如此，他们才无法容忍和应对孩子的情绪。

　　自从布兰登开始学习如何将冲突归零后，他就放弃了自己从小在成长过程中学到的冲突应对策略。他不再隐藏自己的情绪了，而是开始在他的亲密关系中一点点把自己脆弱敏感的一

---

① 原文是"O.R."，反应过度"overreact"的缩写。——编者注

面展现出来。既然做了这个选择，冲突在所难免。尽管这些冲突是他多年以来试图回避的，尽管它们很让人头疼，但是这的确帮助了他。他开始与那些不能接受真实敏感的自己的人渐行渐远，身边围绕着更多知道他的脆弱敏感但还是选择爱他的人。这样建立起来的关系自然更加深厚、牢固。

所以，我们要学会如何调整自己的"惊弓之鸟"模式，因为只有这样，我们才能学会如何更好地了解它是如何感知威胁的，以及面对威胁时什么样的反应是最恰当的。这是什么意思？这意味着我们必须学会感受自己的内心，感受我们所有的情绪和感觉，不管它是好是坏。对待内心的"惊弓之鸟"，我们要理解它、关怀它、呵护它，就像对待一个哭泣的小婴儿一般，耐心而体贴。

负面偏见的力量

你知道吗，大脑避免痛苦和威胁的可能性是寻求快乐和联系的两倍。是不是很有意思？但千真万确。这就是所谓的负面偏见[1]（negativity bias）。我曾在一次播客中采访了里克·汉森[2]博士，他说我们的大脑就像是在做胡萝卜和大棒的游戏，胡

---

[1] 指与正面信息比，人们对负面信息更敏感，负面事件会比正面事件引发我们更快、更显著的反应。——译者注
[2] 里克·汉森（Rick Hansen），美国知名神经心理学家，临床心理学博士，自我导向型神经可塑性研究领域的权威专家，现任加州大学伯克利分校至善科学中心高级研究员。——编者注

萝卜代表着食物和乐趣，而大棒就是威胁和痛苦，大脑会每天致力于寻找胡萝卜、躲避大棒。[3] 要是一天没找到胡萝卜，倒也没什么大不了的后果，但是如果没有注意到大棒，也就是那些威胁——嘭！那可就是当头一击，说不定能让我们当场毙命。因此，相较于胡萝卜，我们的大脑对大棒更为敏感。同时，与快乐相比，我们在痛苦中能积累更多的经验，从而让大脑帮助我们在未来避免同样的威胁。我们的大脑是不是超级聪明？正如汉森博士所说："我们大脑的这种偏见决定了我们会被负面经历所改变。"

话说回来，虽然我们从负面经历中学习得更快，但是大脑还是会想方设法帮助我们远离威胁和痛苦，追求快乐和联系。这就是为什么我们会陷入上瘾循环，为什么现代文化中有这么多自我疗愈的东西，如甜食、社交软件、电子游戏和其他帮助我们转移注意力的东西，因为它们能让我们暂时摆脱我们认为的不舒服和有威胁的负面体验。与其说这是一种寻求快乐的文化，不如说是一种通过寻求快乐来避免痛苦的文化，这就是佛陀所说的"万般痛苦的根源"。①

拿我自己来说，20 来岁的时候，我正经历着内心的冲突，这让我们每天都焦虑不安，特别痛苦。但我不知道这种痛苦的来源。我只知道我不喜欢这种感觉，于是开始抽烟、喝酒、攀岩，试图通过这些方式让自己短暂地忘却内心的痛苦。我这样

---

① 佛教思想让我明白了众生皆苦，而我们痛苦的根源就是我们试图逃避痛苦的无知和对"更好"的渴望。

做，就是在通过寻求快乐来摆脱我不知道如何应对的痛苦。

如果我们在面对痛苦和不适时，总是选择逃避，试图在快乐中麻痹自己，我们就剥夺了自己所有成长的机会。因为我们在逃避责任的同时，也放弃了和自己在乎的人在冲突中一同成长、共同学习的机会。所以，我们一定要学会与自己内心的不适、干扰和感觉相处。这样一来，我们才能打破自己的原始本能，驾驭内心的"惊弓之鸟"，让它乖乖坐在后排座位，而我们自己则在前排座位上驾车驰骋。人际关系中难免会出现磕磕绊绊，但是只要我们能做到这一点，就可以应对那些冲突和压力，让大脑更好地服务于我们。

长期承受压力的危害

如果面对冲突时，你总是选择逃避，埋身于内心波澜壮阔的情绪之中，试图避开不适和痛苦，那会有影响吗？当然会，而且影响很不好。研究表明，长期生活在压力之下，会危害我们的健康。在 20 世纪 80 年代的一项名为"童年不良经历"（Adverse Childhood Experiences，ACEs）的开创性研究中，17421 名受访者完成了体检以及关于自己的童年经历、当前的健康状况和行为的保密调查。[4] 研究人员将童年时期遭受的身体虐待、性虐待、精神虐待、忽视、家庭暴力以及药物滥用、精神疾病、离婚和其他创伤性事件统称为"童年不良经历"。①

---

① 所有这些都是创伤，也是没有解决的冲突。

研究表明，家庭中类似的未解决的冲突会让他们的生活变得更加艰难。也就是说，童年时期经历的创伤越多，他们在以后的生活中遇到的挑战就越严重。

七成美国民众的主要死因，都源于他们童年时期经历的创伤。长期经受创伤，会影响大脑发育、免疫系统、内分泌系统，甚至基因的读取和转录方式。那些童年有着不良经历的人患上心脏病和肺癌的风险是普通人的 3 倍，他们的预期寿命也比普通人要短 20 年。

——娜丁·伯克·哈里斯，医学博士

《深井效应》（*The Deepest Well*）作者

青年健康中心创始人，加州卫生局局长

所以，如果我们的童年没有亲情的温暖，或者如果我们几十年以来一直都生活在疏离的关系中，却不去修复或重建联系，那么伤痛就会一点点累积，在不知不觉中侵蚀我们的身体。

最小化关系中的压力

当你用"我很好"当挡箭牌时，你就阻碍了冲突修复循环的过程，并慢慢习惯于"容忍"压力，淡化未解决的问题。换句话说，我们中的一些人已经适应了长期生活在低级别压力的状态中。但是，随着年龄的增长，我们终将尝到这么做的苦果。大概也是因为这个，很多人把压力称作"沉默的健康杀手"。[1]

　　举个例子，你的原生家庭看似和和睦睦，没有争吵也没有伤害，但是在这波澜不惊的表面下，你的神经系统长期处于低级别的警戒状态，因为实际上你的 4 种关系需求都没有得到满足：你没有安全感，你的需求得不到关注，你的感情得不到慰藉，你感受不到他人的支持和挑战。你的父母可能从来没有红过脸，你们家看起来就像是模范家庭。但这并不表示冲突在你们家是不存在的，只不过被你的父母遮掩起来罢了。冲突没有得到修复，家里的气氛也让你感到紧张，随处充斥着父母对彼此的怨恨，他们无暇给你呵护和关怀，年幼的你倍感孤单。但是这似乎算不上什么大问题，虽然有压力，但你感觉自己还能够应对，于是慢慢习惯了这种状态。虽然你一直衣食无忧，内心却没什么安全感，因为你一直在压抑自己的情绪，特别是那些负面情绪，你从不敢面对，只是一味地逃避。而你的父母也在否认你的负面情绪，他们不去试图修复冲突，只是不停地营造出一种虚假的和谐，告诉你："一切都好，没有事。""高兴点，又没有什么事，你应该知足。"

　　孩子会自然而然地适应这种环境，并催眠自己："没事，我

———————————

[1] 加博尔·马泰博士在他所著的书《当身体说不的时候》（*When the Body Says No*）中指出，童年时期长期处在有压力的状态下，会给我们今后的生活造成不利影响。"根本问题并不是外部压力……而是当我们长期处于压力中时，会习惯自己的无助和无力，导致身体无法正常做出战斗或者逃跑反应。由此给自己的内心带来的压力，既不易捕捉又难以平息。慢慢地，一切都成了习惯，我们不仅接受了自己的需求得不到满足这个扭曲的现实，还要拼尽全力去满足别人的需求。"也就是说，不管你的应对策略多么天衣无缝，选择避免冲突注定会让你损失惨重。

确实很好。"随着年龄的增长，这些孩子会继续否认负面的感受或经历，当面临亲密关系中的困难时，他们便会和往常一样：责怪对方，逃避，大事化小，把自己封闭起来。

当面对关系中没有解决的冲突时，一旦你选择压抑自己的情绪，把一切埋藏于心底，你的大脑就会分泌更多的皮质醇。皮质醇也被称为"压力荷尔蒙"，对我们的健康有着重要的作用。但是如果皮质醇分泌得过多，也会造成一种不平衡，对健康产生很多长期的不利影响。[5] 关系研究方面的先驱约翰·戈特曼（John Gottman）和朱莉·戈特曼（Julie Gottman），在研究了 3000 多对夫妻的感情状况后得出结论：那些经常吵架的夫妻，反而比那些貌合神离、在冲突中不知所措的夫妻寿命更长，而且能长 10 年。[6] 也就是说，当面对冲突时，不管你做了什么还是有什么该做而没做到，都会对你的身心健康和幸福带来或好或坏的影响。

我的经验以及很多研究告诉我：不会应对冲突或者不想应对冲突，会给我们造成压力，这是很多夫妻感情走到尽头、不欢而散的主要原因，也是他们以后生活中慢性健康问题的主要原因。[7]

压力的好处

当然，我们也要知道，生活中有一定的压力和冲突也是件好事，它们能帮助我们成长和进步。这样的压力叫作"良性压力"。比如，那些和你价值观相悖的人，是不是也帮助你进一步认清并坚定了自己的信念？压力就是这样，在把我们暴露于痛苦中的同时，也帮助我们认识了真实的自己。适当的工具，再加上理解和支持，我们就能利用好人际关系中的压力和挑战，让自己有所成长，变得更加强大、更有适应性和承受力，同时收获更加深厚的感情。逆境塑造性格，冲突塑造牢固的人际关系。

所以，当面对人际关系中的冲突时，一定要开动脑筋并结合书中的技巧，回到前排座位，让冲突归零，并重新建立联系。我们经历的冲突和拥有的人际关系每天都在塑造我们，这一切都始于大脑和神经系统以及你对威胁的感知和你应对压力的方式。

行动步骤

1. 你不是你内心的"惊弓之鸟"。你知道不会和自己内心的"惊弓之鸟"相处会付出怎样的代价吗？当你选择让你内心的"惊弓之鸟"掌握主动权时，你可能要付出什么样的代价？把你想到的写下来。

2. 受刺激程度量表：每次你感到受刺激时就使用它。至少告诉一个人你有多烦恼。

3. 回顾一下自己过去都是怎么应对压力的。然后仔细想一想：没有解决的冲突给你的幸福带来了什么影响？

4. 通过这一章的学习，你对自己有什么新的认识？和你的学习伙伴分享一下。

第 7 章

避免冲突的代价

为了避免冲突而寻求表面的和平，反而会在你的心里发动一场
战争。

——谢丽尔·理查森（Cheryl Richardson）

回顾我的人生，大部分时间我都在极力避免冲突。那时候的我完全不懂，越是这样，我制造的冲突反而越多。在痛苦中饱受折磨的我发现，哪怕能够避开和别人的冲突，也逃不开自己内心的冲突。当我们在冲突中或冲突后不能吐露自己的内心想法，不愿意把真实的自己展现出来时，内心的战争就拉开了序幕。我们这样做的原因有很多，有的时候可能是因为我们害怕说真话；有的时候可能是因为我们太过弱小，在关系中和另一方的地位相差太大。如果你是一个冲突回避者，你要去了解冲突产生的原因以及避免冲突可能产生的严重后果，这样你就可以找回自己的勇气，正面迎战关系中的冲突了。

核心的内心冲突

曾经的我敏感又情绪化，是个多愁善感的男孩。不管是看到受伤的小鸟，还是不幸残疾的人，我都会心头一紧，为他们心疼。哪怕操场上有人哭了，我也会跟着难过。似乎任何时候都有一种淡淡的忧伤笼罩着我。那时候的我总是流泪，这让我的父母很是头疼。我爸爸甚至威胁我："再哭就打得你更想哭！"

要是在学校操场上流泪了，我也得不到任何同情，而是会被同学嘲笑和欺凌。不仅如此，要是我在外面难过了，都不能去妈妈的怀里哭，因为这样会有更多人说我是"妈妈的乖儿子"。[①]幼小而无助的我，每每只能咬住自己的手背，强忍住泪水。这个习惯一直跟随我到 30 多岁。

　　我并不是在指责我的父母，他们很爱我，很呵护我，并且在能力范围内总是把最好的给我。作为他们的孩子，我满怀感激。而且我也知道，有的时候那个多愁善感的小男孩确实很让人头疼，他总是想要更多的爱和关注。在大人看来，有的时候好像我就是在故意撒娇耍赖，好让他们答应我的要求。爸爸妈妈用他们的方式在帮助我，但是那个敏感的小男孩还是如影随形，我只能选择把他藏起来，不让人发现。当然，这几乎是不可能的。后来，我也掌握了一些方法来宣泄内心的情绪，比如运动、开玩笑或者努力做事，这些都能帮到我。特别是活动起来尽情挥洒汗水的时候，我的内心会非常平静。随着时间的推移，我渐渐学会了通过努力表现、达成目标或佯装坚强，来掩饰那个敏感、爱流泪又有很多负面情绪的自己，这让我的内心找到了些许归属感、联系感和认同感。所有孩子都一样，只有在内心安全感满满的时候，才敢于表达自己；但是如果感觉不到这种安全感，仿佛随时都有威胁相伴左右，就会觉得自己和周

---

① 有意思的是，"妈妈的乖儿子"无疑是贬义的、充满羞辱的，但是"爸爸的乖女儿"给人的感觉就完全不一样了。究其原因，这是一种厌女文化，而男孩们就是在这种文化中长大的，这对他们的价值观有着深刻的影响。我很不认同这种观点，关于这一点，也许我会在下一本书中谈一谈。

围断了联系，只能想办法来掩饰。

在这种情况下，很多孩子都会感觉自己有双重性格：一个单纯、活泼、自由，而另一个恰恰相反，会因为威胁而畏畏缩缩，会用条条框框把自己束缚起来。我把同一个体的两种截然不同的性格之间的差异称作"核心的内心冲突"（core inner conflict）。对很多人来说，这种冲突会伴随他们度过一生。

我把这两种自我中的一种称作"真实的自我"（true self），另一种称作"伪装的自我"（strategic self）。那个真实的自我代表着本我，是孩子最真实的模样。而伪装的自我是孩子从小耳濡目染大人们处理冲突的过程或方式后，迫于外界的压力和要求，塑造的另一个自己。

我知道人类没有这么简单，但是这两个不一样的自我非常有助于诠释我们大多数人在成长过程中遇到的内心冲突。有的时候，我们因为担心遭人厌烦，让自己更痛苦，而选择抛弃真实的自己，想办法用另一种方式来展示一个伪装出来的自己，只为了能和那些我们在乎的人更加亲密，并得到他们的认可。我们可以把自己的内心冲突看作指南针，如图 7.1 所示，真实的自我和伪装的自我则像指南针上指向两个不同方向的指针。

如果小时候有安全感，长大后我们就能展现真实的自我，如果小时候没有安全感，长大后我们就会让伪装的自我主导我们。两个不同的自我之间的差距形成了一种张力——核心的内心冲突。这也是为什么成年之后，我们会时不时莫名觉得低落、无助、不在状态。

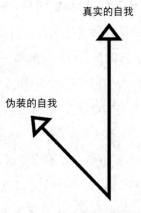

图 7.1　核心的内心冲突

　　事实上，每一次冲突都可能会让我们将指南针上的指针指向真实的自我或伪装的自我，只不过情况不同，我们的判断不同，选择的方向自然也不同，而我们会顺着那条我们认为最能让自己有安全感的路走。在冲突中，我们往往会采用之前讲到的断开联系时的 4 个应对策略中的一个来应对：面对指责时我们会装腔作势，羞愧难当时我们会崩溃自闭，为了让别人继续喜欢自己，我们会努力挽回，恐惧害怕时我们会闪躲回避。

　　现在，不妨结合你的关系脚本来看看你在童年时期的经历以及别人一般是怎么评价你的。别人对你的评价是"太过了""不够好"，还是"从不犯错，完美无缺"？你有没有屏蔽过自己的真实感受，躲入美好的幻想之中？你有没有为了做个好孩子，从来不敢当着别人的面哭？眼泪有没有曾帮到过你，让你达到自己的目的？当你没有对他人言听计从的时候，会不会被贴上"不听话"的标签？你身边的大人是支持、陪伴着你，还是总让你感到孤单，让你感到他们对你很失望，好像你是个沉重的负担？以下哪种情绪或者行为是你觉得不会被接受的——哭泣、生气、耍脾气、伤心、沉默、兴高采烈、慢吞吞、不守规矩、害怕？你会如何把自己伪装起来？断开联系时你会选择哪种应对策略？你的处理方式是让你朝着自己想要的亲密关系更进一步了，还是离它更远了？

　　你很可能会因为害怕做自己有什么不好的后果，比如被打、被骂、被冷落、被欺凌、被拒绝，而想办法磨去自己的棱角，以找到梦寐以求的归属感。对于婴儿和正在成长的孩子来说，这么做是不得已而为之，毕竟他们没有其他选择。但是进入青春期后，你开始有意识地去伪装自己，比如你叛逆、拒绝和家人交流，只是为了能更好地融入同龄人当中。在社交场合中，你选择玩世不恭，让一切看起来云淡风轻，或者假装强悍，试图通过一些新的行为方式来避免冲突，得到更多的外部认可和接纳，从而找到归属感。但是，因害怕被拒绝或者受伤就不敢表达真实的自己，反而会让你的内心陷入痛苦的冲突之中。

　　如果你在幼年时，把没有解决的外部冲突放在心里，很可能在成年之后经常会有下列心理活动。

　　"在这里，我可不能让他们看到那个真实的我。"
　　"我最好不要表现得太情绪化，不然……"
　　"我不能在这里表现得太快乐或太贪玩，因为……"
　　"我得三缄其口，不要想到什么就说什么。因为说了也没用，什么也改变不了。"

"我会恨我自己，这样的话，就只有我能伤害自己了。"

只有在成长过程中，照顾者给予孩子足够的关怀和正确的引导，满足他们的 4 种关系需求（即有安全感、需求能得到关注、感情能得到慰藉，有人提供支持和挑战），使他们拥有安全型依恋关系，孩子才能学会如何展现和表达真实的自己。不然的话，面对纷繁复杂的外部环境，孩子难免会受到影响，一心只想要维持亲密的关系，从而让伪装的自我占了上风。毕竟，依恋需求是人的第一需求。

我的伪装

随着我的成长，那个伪装的我逐渐占了上风，我为了成为父母理想中的孩子，为了得到大家的认可，而放弃了做真实的自己。我的妈妈本是一名老师，自从有了孩子，她放弃了自己的工作，专心在家教育我和我的兄弟姐妹，甘心做一名家庭主妇。我的爸爸曾经三次参加全美滑雪比赛，是一名职业选手，后来退役经商。想当年，爸爸曾是世界顶尖级别的滑雪选手，在大学的时候，还是学校高尔夫球队的成员。这么一个全能型的运动员，对自己的家庭也十分尽职尽责，因此从小对我的要求就很严格。我一直很崇拜爸爸，不愿意因为自己的敏感、情绪化而让他失望，因为我知道，爸爸最看不惯我这种与世无争、对未来毫无规划的作风。

爸爸一直鼓励我追求自己的梦想，可是我却没有勇气让真实的自己做主，而是把自己伪装起来，选择了爸爸妈妈喜欢的运动项目：高尔夫球、网球和滑雪。我觉得这样就能得到他们的爱与认同，能让我们的关系变得更好。爸爸妈妈很高兴，他们掏钱给我付学费，每一次训练都陪着我，每一场比赛都在一旁为我喝彩。我似乎也继承了爸爸的运动细胞，在赛场上表现得很出色，这让我更坚定了自己选择伪装的策略。这样的我骗了身边所有的人，爸爸妈妈和教练无数次称赞我"天生就是运动员的料""只要好好练，你绝对是最出色的选手"。但是我骗不了自己，内心深处的那个我，对输赢全然不在意，甚至对这些运动都不感兴趣。不管是在网球场上还是高尔夫球场上，多么出色的击球都无法令我兴奋。穿上紧身连体滑雪衣在暴风雪中驰骋，更是让我高兴不起来。

上高中的时候，我开始觉得自己有一些选择的自主权了。有一次，我没有参加比赛，但是我们高中网球队还是赢得了州冠军，这让我明白我的存在并没有什么意义。再说了，我的兴趣也不在这项运动里。于是我退出了网球队，后来又退出了高尔夫球队。大学一年级的时候，我又放弃了滑雪比赛，这让我的父母和教练都很失望。但是，放弃给我带来了前所未有的自由。这也标志着我放下了伪装，做回了自己。

在我十几岁的时候，我学会了怎么交朋友、怎么获得归属感和认同感，但是这么做的代价又是什么呢？那就是，我一次又一次地把那个真实的自我埋藏起来，并且越埋越深。尽管这样做也有一定的效果——伪装的我确实很招人喜欢，但是与此同时，我内心的矛盾和冲突也在与日俱增。

如果可以倒带去回首自己的童年，你会发现，不管过往是好是坏，几乎所有人都曾为了和其他人建立更紧密的联系而在不同程度上放弃做真实的自己。不妨问问自己："十几岁的时候，为了找到归属感，我都做了什么努力？"或者想一下在最近的一些场景中，比如约会或者求职，你是否因为担心被拒绝而把一部分真实的自己藏了起来。我们可能觉得，要在纷繁复杂的世界中游刃有余，就要时不时伪装一下自己。但是，如果伪装真的成了我们的一部分，我们顺从了别人却无法满足自己，那我们做出的牺牲是不是有点过头了？慢慢地，我们会伪装得越来越深，这不仅会让我们背叛自己，还会让我们内心的冲突愈演愈烈。就好比如果你一直根据父母或者其他对你有影响的人的意愿去生活、去选择，你也许能实现他们的愿望，但是你会永远找不到成就感，还很可能让自己陷入中年危机之中。到最后，你内心的冲突会无法掩饰。我就是这样。

去可以接受你的地方

18 岁的时候，我内心的冲突和挣扎大到已经难以控制了。进入大学的第一天，我就遇到一个同学，他邀请我和他一起吸大麻。从来没尝试过吸大麻的我，居然同意了。[①] 没几个月，我就变成了一个嗑药的嬉皮士。归其原因，都是因为我太没有安全感了，到了一个陌生的环境就迫切想要交朋友，为了不孤单什么都愿意做。如果那一天我遇到的是一个运动员，我可能也已经成了一个运动员。

――――――――

① 大麻在有些国家是合法的，但在我们国家是法律明令禁止的毒品。――编者注

当嬉皮士就要像样，我留起了长发，听着感恩而死^①的摇滚乐，还因为在宿舍里吸大麻差点被学校开除。大学第一年就这样被我浑浑噩噩地浪费了，因为吸大麻，我几乎没有清醒的时候，自然也没心思好好学习，论文是在网上抄的，考试也都垫了底。当时的我认为这一切都是这个学校的问题，于是申请转到了另一所大学。这里比之前的学校更大，而且谁也不认识我，我不再扮嬉皮士，剪了头发，准备在这里有一个全新的开始。我还加入了一个兄弟会，每周一都要身着正装去参加宣誓大会。

全新的环境对我来说是一个契机，我为了融入新的集体，又开始刻意改变自己。兄弟会里很多男生都喜欢相约喝酒，大喝特喝。我也跟着他们每天不停地喝酒。每次喝酒的时候，我都觉得自己更加自信了，安全感也回来了。何以解忧，唯有杜康，仿佛酒精就是这么神奇，驱散了我内心的邪念和困惑。我们终日醉醺醺的，用这种过激的方式亵渎了每一场宣誓大会。时至今日，我还会责备自己当初为了找到归属感而这么没有底线，甚至不惜背叛真实的自己。但是在这之前，我一直活在自己的伪装之下，我感到孤立无援，没有人可以做我的后盾，我渴望亲密的关系，于是我只能放任自己，继续做着这些内心不认同的事情，一直到很久以后。我们都是这样，可以伪装很久很久，直到再也装不下去。

---

① 感恩而死（Grateful Dead），1964 年组建的美国乐队，风格常在迷幻摇滚和乡村摇滚之间自由切换，并且与杰斐逊飞机（Jefferson Airplane）同为迷幻摇滚的开创者。——编者注

在兄弟会的那段日子，我们几个兄弟会的成员会时不时地逃到犹他州的沙漠地带，一起骑山地车、攀岩或者开荒漠派对。每次我们都会喝得酩酊大醉，还不忘带上致幻剂或者致幻蘑菇疯狂一把。有一次，我们又开始了一场沙漠"奇幻"之旅。记得当时，服用了致幻剂的我漫无目的地在沙漠中走着，突然看到前方约 30 米外有一个人正盯着我。我走近他，打量着这个人的脸，他不是别人，正是我自己。我记得自己当时吓坏了，怎么可能有两个我？后来我才明白，这是我内心深处两个在相互较量的自己。那场景令我十分震撼，也让我陷入了深思。第二次尝试致幻蘑菇，它就把我伪装得八面玲珑的自己击了个粉碎。这趟"奇幻"之旅真的是糟透了，却成了我人生的转折点。我感觉自己身上的铠甲裂开了，真实的我一点一点地显露了出来。

但是，坏习惯总是很难改掉，固定的模式哪是说打破就能打破的。我把自己的伪装用到了约会上，最惯用的伎俩就是施展个人魅力，帮助女孩们解决她们的问题。这样做可谓是一举两得，既可以把焦点放在她们身上，让她们感觉到我的关心，又能让她们不会注意到我，更不会发现我是多么没有安全感。我表现得很善解人意，但把真实的情绪都藏在面具下面，让自己变得很"神秘"，女孩们很吃这一套。这样的我也很受同性朋友的欢迎，一时间我成了社交达人。每一个女朋友，我都极力与她保持一定的距离，以避免冲突。一旦有风吹草动，比如对方说"我们能谈谈吗?"或者"有什么不对吗?"，我就会惊慌失措，然后刻意回避，让她离开我的生活。我脆弱和真实的一面，被我封存了起来。现在想想，当时交往过的女孩一定是发现了我哪里不对，也感受到了我内心的挣扎和冲突，想要帮我，想要了解那个面具之下的我。

外部的冲突没有解决，内心的矛盾也愈演愈烈，这让我许多年都没有办法在感情中安定下来。最后，遍体鳞伤的我走上了自我救赎、自我成长的道路。我也终于明白了，在成年人的关系中，我们一定要做真实的自己，否则就会引发内心的冲突，进而被各种负面情绪淹没，在焦虑、失落、羞愧、绝望中走不出来。同时，如果我们仔细观察，就可能会发现，在我们与他人的每一个没有解决的外部冲突下，其实都隐藏着一个更深层、更久远的内心冲突。我们在找自己、做自己的路上，已经挣扎了太久太久。

很多人都有着在感情中受到伤害和冷落的经历。他们害怕没人认可那个真实的自己，宁愿把一切藏起来，也不敢做自己，因为不想毁掉已经拥有的感情，又回到孤身一人的状态。这也是很多人明明很讨厌自己的工作却还是选择继续做下去的原因。他们安慰自己，工作再差劲好歹也能有份收入，为了做真实的自己而被炒鱿鱼，日子也不会好过。

我们的一生总是会面临各种选择，每到这种关头，我们就会开始权衡利弊[①]，看到底怎么做才能更好。举个例子，你放假的时候去你爱人的父母家做客，这种时候最好少说话，多微笑。哪怕你对丈母娘的手艺不满意，也要大吃特吃，不能说出来。

---

① 这个非常棒的观点是约翰·德马蒂尼（John Demartini）博士告诉我的。

哪怕你和老丈人在时政问题上意见不合，也不要直接反驳他。再比如，你打算辞掉目前这份压榨你的工作，但是为了年终奖，你还是决定继续坚持一阵。

每当有需求得不到满足，冲突修复循环没有完成时，我们就会去改变自己，把自己伪装起来，以保证自己核心的依恋需求得到满足，全然不顾这样做是不是真的能帮到我们。我们为了逃避痛苦，得到我们想要的，或为了融入群体，会一定程度地伪装自己。不管我们在处理人际关系时多么游刃有余，不管我们多么善于应对冲突，有时候为了渡过难关，我们都不得不伪装自己。

那些总是受到歧视的边缘性群体，总得有一套应对策略才能走得更远。比如，有色人种有避免种族歧视的策略。男权社会中的女性有避免性别歧视的策略。同性恋群体为了避免他人的恶意，在公众场合不会牵手秀恩爱。大家都通过不同的策略来让自己免于冲突、暴力乃至死亡的威胁。策略用多了，我们就会得心应手。在这里，我并不是说我们这么做有什么不对或者不好，在某些情况下，我们确实需要一定的策略来让自己避免伤害。但是我们一定要认识到，这些策略是真的帮到了我们，还是进一步激发了内外部冲突。认清这一点的关键在于，我们知道自己有选择的权利。但是现实中很多人已经形成了习惯，在自己毫不知情的情况下，就戴上了伪装的面具。比如那些有着"讨好型人格"的人，总是想讨好身边所有的人。但是有的人就是不喜欢这样的人，觉得他们太不真诚、太过刻意了。事实上，这些讨好别人的人可能自己都没有意识到自己的行为模式，只不过是因为他们从小到大都习惯了这种行为模式，以为继续这样就能像小时候一样得到奖励。但可惜的是，小时候那些有用的策略，长大了不一定管用。

萨拉小的时候，母亲就得了抑郁症。妈妈抑郁，爸爸独自撑起了整个家。由于养家的压力大，爸爸经常要工作很长时间。因此，在养育孩子的过程中，萨拉的父母跟孩子们没有多少深层次的情感交流。萨拉是家中的老大，下面还有三个弟弟妹妹。懂事的萨拉从小就知道，自己要帮爸爸妈妈减轻负担。当邻居家的孩子还天真烂漫地随处奔跑、肆意玩耍的时候，小萨拉就承担起了做饭和打扫的家务。很多时候，萨拉甚至要把做好的饭送到妈妈的床上。"你真是个好帮手""没有你的帮助可不行"，这一类的夸赞对萨拉来说总是不绝于耳。但正是这些话加深了小萨拉对自己的刻板印象，让她愈发沉溺于伪装之中，想要当个小大人。不仅如此，在学校她也努力学习，因为她认为这会让妈妈高兴，也会让爸爸更喜欢她。不管走到哪里，大家都夸萨拉懂事、会照顾人。

我们可以看出，萨拉通过伪装，成了一个能帮大人忙的"小大人"，让自己的童年少了很多痛苦，也获得了更亲密的情感联系。但是成年之后，这一套开始行不通了。

后来萨拉学了护理专业，当了护士，也组建了自己的家庭。她的婚姻在一开始还是很甜蜜的，但是随着时间的推移和孩子的降临，夫妻俩一个围着工作转，一个围着孩子转，两个人之间的感情渐渐出现了问题。更糟糕的是，每次遇到什么问题，萨拉的丈夫都会把责任推到妻子身上。在育儿观念上，两

个人也总是有分歧。面对这种局面，萨拉首先想到的是怎么去
改变自己的丈夫，却忘了从自己身上找原因。而萨拉的丈夫也
总是觉得妻子在对自己指手画脚，所以常常跟她冷战。有的时
候，两个人甚至会好几个星期不说话。两个人之间的冲突就这
样愈演愈烈，旧的还没有解决，新的又出现了。这些问题一层
层堆积，越来越多。萨拉对丈夫愈发不满，她变得特别暴躁易
怒，对孩子也会发脾气。每次家里人发现不对劲，想了解一下
她的婚姻状况时，萨拉都会回避这个话题，拿工作上的问题搪
塞过去。

　　很多人都是这样，只有在外部冲突的冲击下，才能发现自
己核心的内心冲突。萨拉找我的时候，已经到了崩溃的边缘，
差点就要做出什么傻事。

两个糟糕的选项

　　如果你发现自己深陷内心的冲突之中，很有可能是你应对
外部冲突的方式出了问题。就拿萨拉来说，她在婚姻中挣扎了
这么些年，和自己的丈夫剑拔弩张。但是在她面前其实一直有
两个选项，出于害怕，萨拉只是坐以待毙，没有选择任何一条
道路，因为在她看来，这两个选项都糟透了：

◆ **选项 A**：和丈夫坦诚地谈谈，把自己对婚姻生活的不满
　　都告诉他。但是萨拉害怕如果真这么做的话，两个人
　　的关系会更加恶化，他们的感情会变得更糟。最恐怖的

是，万一她丈夫听了这些话要离开她怎么办。独自抚养孩子的经济压力可不小，而且还要孤独终老。太可怕了。

◆ 选项 B：什么都不说，继续保持现状。在婚姻中将就着过，只要不触礁就没事。但是这样下去萨拉担心什么都不会改变，他们的婚姻会因为没有性生活和生命力而名存实亡，她仍然会感觉难过和孤独。唉。

我把这两个选项给她指出来后，萨拉才明白，原来是自己把自己逼到了婚姻的死胡同里——她设定了双输的局面。我们是不是也可以看出，萨拉不处理与丈夫的外部冲突的行为是如何造成她的内心冲突的？所以，当我们不去解决外部冲突的时候，其实就是在自己的内心制造冲突。萨拉面前的这两个选项之所以都糟透了，是因为不管怎么选，都有她不想面对的痛苦。我们也总是和萨拉一样，畏首畏尾，不敢迈出改变的一步。当然，我也很理解萨拉，毕竟在她的眼里，只有这两条路可走。而这两条路似乎都走不通，她自然也不敢去面对和丈夫之间的这种生命中最重要的冲突。实际上，萨拉面前的选项有很多，绝不止这两个，只不过她自己没有意识到罢了。

很明显，在萨拉看来，选项 B 比选项 A 更令她痛苦。如果选了选项 B，她就要继续催眠自己，同时欺骗家人。这样下去，不知道什么时候才能是个头。

痛苦的萨拉决定孤注一掷，哪怕被拒绝，哪怕要面临羞辱，今后生活窘迫，也在所不惜，她不想再继续这样下去了。萨拉为自己打开了第三个选项——直面夫妻间的冲突，正是这个选项给她的生活带来了改变。我把冲突中的第三个选项称为"选项 C"。

　　一味地回避困难的事情（冲突）只会带来更多的冲突，让你越陷越深，眼睁睁地断送自己在意的感情。

　　我告诉萨拉，她一直被困在受害者之谷中，如果想要改变当前的局面，唯一的方法就是开辟出一条新路。当然，改变总是会让人不适，甚至会让她失去一些东西。萨拉陷入了沉思，长久以来，她都让自己活在别人的期望里，这么做实在是太累了，这一次她要做自己人生的主人。还记得吗？我们之前讲过，只需要一个新的选择，我们就可以从受害者变成谱写者。当然，这个选择要求你直面冲突。萨拉必须要学会如何处理冲突，这样她才能成为一个关系领导者。这意味着，她必须开始在那些重要的人际关系中，如家庭和工作中，做回真实的自己，为自己发声。

　　萨拉开始向朋友袒露心扉，告诉她们，自己的处境确实很糟糕。在这之前，婚姻中的所有不快她都是自己打碎牙齿往肚子里咽的，从未告诉任何人。萨拉开始正视自己婚姻中的问题，也学会了如何表达自己的真实感受。她的丈夫也终于知道，妻子在这段婚姻中不开心，内心压力很大。萨拉还学会了如何经营自己的感情、如何更好地倾听。慢慢地，萨拉开始能够和那些不舒服的感觉共处了，也准备好了直面冲突。曾经，一想到要和丈夫对峙，萨拉就痛苦得不行，一年过去了，她终于迈出了新的一步。与其守着两个糟糕的选项坐以待毙，不如另辟蹊径，选择成为一个关系领导者（选项C）。萨拉终于走出了受害者之谷，开始谱写自己的新生活。

你的选择

一起来看看你在第2章中写的冲突表吧。现在的你是不是依然和你在冲突表中写下的那个人关系紧张，你们之间的关系是否依然进退两难？你甚至很有可能依然对这个人充满怨气。现在，我们不妨一起来看一看你心中的两个糟糕的选项。

- 选项A：勇敢说出来，把你的真心话、你的想法一吐为快。但是这样很可能会带来你最害怕面对的结果。最坏的情况可能是，对方反应激烈，你们的关系走到尽头。
- 选项B：像往常一样，什么也不说，努力维持着当前的局面，让一切不要再继续恶化了。就这么僵持着，永远逃避着冲突，也永远无法拥有美好的感情。

这两个选项看上去怎么样？要是你现在还没有崩溃，可能还会继续选择选项B。如果你太痛苦了，已经忍无可忍，很可能会去挑战一把选项A。很可能，你已经铆足了劲儿试过至少挑战一次选项A，但是结果并不尽如人意，所以你再次选择沉默和隐忍，因为你担心自己一旦真的把内心的想法说出来，就会受到对方的指责。更糟的是，对方可能会不理你，或对你大发脾气，甚至和你结束这段关系。但是如果再这么对你们之间的问题只字不提下去，你内心的冲突将会永不停歇，你将一直在煎熬中度过。唉，该怎么办才好呢？

你可能像其他人一样，不敢表达真实的自己（选项 B），把所有的出路都封住。那些没有说出口的话积攒在你的心里，越来越多，你也变得越来越怨气冲天（为什么会这样，我们稍后会详细讲述）。真实的感受和想法被压抑实在是太难受了，你总忍不住要爆发，或讽刺，或抱怨，总之就是说一些尖酸刻薄、阴阳怪气的话，制造紧张的气氛。当面对没完没了的冲突时，如果你一直这么憋着，不去表达真实的自己，总有一天你会憋不住的，然后像洪水冲破堤坝一般大闹一场。这么做会伤害到你那些小心翼翼守护的感情。而且，发完脾气和牢骚后，摆在你面前的问题又会增多，你需要：一是应对一直以来你极力回避的外部冲突；二是解决由于回避外部冲突而带来的内心冲突；三是化解你大爆发所带来的新冲突。这下麻烦了，冲突越来越多、越来越复杂了。你本来想的是避免冲突，却在这个过程中制造了更多的冲突，这就是"冲突蔓延"（conflict creep）。爆发后的你不仅让冲突蔓延了，也伤害了对方，他甚至会生气，埋怨你为什么没有早点说出来。

现在你明白了吧，如果从一开始就选择回避和某个人的外部冲突，不仅会制造出内心的冲突，还会让你们之间的冲突愈演愈烈。想到这里你是不是感觉倒吸了一口凉气？走到这一步，你也不能怪别人，因为是你自己选了选项 B，让一切变成了这样。

那是不是直接选择选项 A，把自己的真实想法表达出来，就可以万事大吉了？我们总是摇摆不定，毕竟直面冲突不是件容易的事情。谁愿意冒险呢？萨拉就是这样，在开口之前，已经在自己的大脑里上演了无数次悲伤的结局了。所以从一开始，她就相信自己赢不了。我们也是一样，哪怕想选 A，心里还是会认定事态的发展走向，并告诉自己"我说了也没用，只会让一切变得更糟糕。这次也一样"。想到这，我们可能又会去选择 B，继续忍气吞声，催眠自己"这样也没有什么不好的"，或者责怪对方到底还要这样多久。与其如此，不如一开始就大大方方地选择 B。自己做的选择，自己也不要后悔。如果你想好了"我要选 B，只要能避开冲突，我愿意背叛自己，我还没有准备好改变现状呢"，你要这么选谁也不能拦着你。

但是，如果这两个选项你都不愿意接受，想要一个不一样的结果，那么我们就一起来看一看还有没有选项 C，一个让你可以做自己同时也能获得自己想要的联系的选项。我们其实可以把选项 C 中的"C"看作冲突（conflict）。因为只有经历了冲突，我们才能够做自己。选择了 C，我们就不会再被选项 B 困住，并会一点一点朝着选项 A 迈进，如图 7.2 所示。

我们要注意，不管选择 A 还是 B，都不是那么容易的，都会带来一定的痛苦。但是痛苦和痛苦是不一样的。你是想要停滞不前的痛苦还是成长和改变带来的痛苦？要知道，痛苦是无法避免的，要想一帆风顺、万事大吉是不可能的。不管你现在面临的冲突多么棘手，相信我，你并不是没有出路，你还有选项 C——接受冲突并学习如何应对它。只有这样，你才能拥有

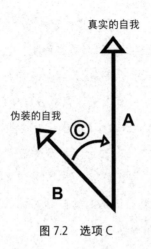

图 7.2　选项 C

梦寐以求的亲密感情！我们都会有害怕、紧张、不知道要如何去做的时候，这没有关系。只要你愿意学习怎样成为一个关系领导者，就可以转变身份，从受害者摇身一变成为谱写者，书写自己的感情和生活。

阻碍你看见并选择 C 的两种恐惧

在选择 C 之前，你可能会有诸多顾虑，毕竟这是一条你从未尝试过的路，害怕是可以理解的。现在，让我们一起来看一看你的恐惧是什么吧。如果你和自己在乎的人起了冲突后，想跟对方开诚布公地谈一谈，以让你们的关系渡过难关，最让你担心的结果是什么呢？你最害怕什么呢？

◆ **恐惧 1**：*如果我把想法说出来，对方听了很烦怎么办？他会不会因为这个不理我、责备我或者羞辱我，或者更糟*

糕，离开我？肯定会这样，我该怎么办才好？

◆ **恐惧 2**：如果我害怕的事情真的发生了（他们不理我、责备我或者离开我，等等），我会有什么样的感受？肯定很难受是不是？一直以来我都极力压抑自己的情绪和感受，以避免冲突，让自己不用去应对这些让我感到不舒服的事情。这些被压抑的情绪和感受就像一座地下火山，随时可能爆发，造成局面失控；而我喜欢一切尽在自己掌控中的感觉。换句话说，我害怕惹恼了他们，使自己也陷入一种失控的糟糕感觉中。

我们不妨一起来分析一下这两种恐惧。首先，在冲突表下再添加 3 行，如表 7.1，这样冲突表总共就有 9 行了。然后，我们跳过第 7 行，先把第 8 行和第 9 行填上。

表 7.1　阻碍我看见并选择 C 的两种恐惧

和我起冲突的人：
他做了什么：
想到他时我的感受：
这种感受的分值（0—10）：
冲突持续的时间：
冲突没能化解，我的问题在于：
要是我把自己的想法告诉他，最害怕他的什么反应（怕他做什么或者不做什么）：
要是担心的事情真的发生了，我会有什么感受：

第 8 行：要是和冲突表中写下的这个人摊牌，你害怕他会有什么反应（他不理我、责备我或者离开我，等等）？

第 9 行：如果你在第 8 行中写下的事情真的发生了，你会有什么感受？把你可能产生的情绪和感觉都写下来，比如害怕、伤心、生气、紧张、双手紧握、呼吸急促等。写的时候要用第一人称。

萨拉在婚姻中一直害怕他们两个人中会有人坚持不下去，先放弃这段感情，这样家丑就会外扬，大家都会知道。而且，离婚对孩子来说也是一辈子的伤害。如果她恐惧的事情真的发生了，萨拉会感觉很糟糕，会害怕、伤心并觉得很没面子。与此同时，她的生活也会发生翻天覆地的变化，很可能她需要把房子卖了，经济上陷入困境。由此可以看出，萨拉的恐惧不仅仅是情绪方面的，她还担心会面临很多现实层面的问题。

要把第 9 行填上，其实并不容易。很多时候，我们都一门心思在埋怨对方，或猜测对方可能会有什么反应，却没有顾得上想一下如果这些糟糕的事情真的发生了，自己会有什么感受。萨拉就是这样，她太执着于讨好别人而忽略了自己的感受。所以，在填写这一行内容的同时，我们也要正视自己的恐惧，找到自己一直以来止步不前的原因。很可能你和萨拉一样，因为不想看到别人难过，不愿意面对你在第 9 行中写下的那些糟糕的感受①，所以选择了 B，小心翼翼地维系着一种关系的假象，

---

① 关于内心糟糕的感受，我将在第 9 章详细叙述。马上就要学习怎么和这些消极感受相处了，是不是特别期待？

在心里责怪对方，以保护自己不受伤害。没错，你这么做就是为了保护自己。

正是你这种保护自己的方式，以及你内心的恐惧，让你一直以来被困在关系里，不知所措。承认"我很害怕，我想要保护自己"吧，你越早认清这一点，就可以越早转变身份，从受害者变成谱写者，做出不同的选择，展开全新的人生。当然，要实现这一切，你要迈出的第一步就是，承认自己身陷恐惧，动弹不得。

你有没有发现，你小时候是怎么掩饰真实的自己的，长大后就会怎么对待你在冲突表中写下的那个人。萨拉从小就习惯了照顾家人，不顾及自己的需求，长大后有了自己的家庭，她也还是这样。所以，当我们遇到关系问题时，不妨先去自己的成长经历中找找原因，看看两者之间有什么联系。相信你很快就能学会如何与那些糟糕的情绪相处，包括恐惧，你将会勇敢地选择 C，与自己在乎的人越来越亲密。

关于选项 C

通过之前的讲解，相信你已经了解了那两个糟糕的选项是怎么困住你的，也已经准备好去选择选项 C 了。没错，选项 C 可以让我们成为谱写者，也能帮我们把关系经营得更好。当然，这条路并不好走，我们还是会害怕，但这也是我们走出困境的方法。这时候，不妨把选项 B 看作对自己的背叛，告诉自己"选择了 B 就是背叛了自己"，看看这么说自己会感觉如何；也可以告诉自己"如果我努力成为别人想让我成为的样子，那就是为了关系背叛自己"。如果选项 A 代表真实的自己，那么选项 C 就是通往真实的道路。

　　这本书的主题就是教你怎么选择选项 C。因为选项 C 代表着你想要的关系，在这样的关系中你可以讲真心话、做真实的自己，也会得到想要的联结。但是，这样的关系要经历冲突才能拥有。我们都可以找回主动权，学会如何应对冲突，成为关系领导者。但有一点我们要明白，想要亲密的人际关系可没有捷径，想躲开内心的痛苦和各种冲突也是不可能的。实际上，我们已经摸索了好久，再也不能给自己找理由了。是时候直击靶心，直面冲突了。当然，我们可能会受伤，但是别忘了，这些伤痛很可能是因为我们畏首畏尾自己假想出来的。选择选项 C，我们将卸下伪装，做回真实的自己，拥抱冲突。这么做既是对自己负责，也是对关系负责。

行动步骤

1. 回忆一下你都是怎么避免冲突的？你有没有发现，这么做反而让自己内心产生了冲突？

2. 在面对与你在冲突表中写下的那个人之间的关系时，你是否也给了自己两个糟糕的选项？把你的选项 A 和选项 B 写出来，然后问问自己，是否愿意选择选项 C？如果愿意，你准备什么时候开始行动呢？可以告诉你的朋友，或者采取别的方式，确保自己到时候会选择选项 C。

3. 根据本章的内容，把冲突表的第 8 行和第 9 行补充完整。

4. 看看你在冲突表中加上的内容——"要是我把自己的想法告诉他，最害怕他的什么反应?""要是担心的事情真的发生了，我会有什么感受?"想一想如果选择了选项 C 的话，你最害怕会出现什么后果? 你准备好面对自己的恐惧了吗?

5. 把你在本章学到的内容和一位好友分享，并告诉对方在学习的过程中你有什么感受，让对方从中理解你的心情。

第 2 部分

冲突中——如何将冲突归零?

第 8 章

如何化解内心的冲突?

我是要为自己而活,还是要活在别人的期望里?

——加博尔·马泰

我们内心的冲突才是最惊心动魄的。在过去的 20 多年里，我一直有轻微的抑郁和焦虑，直到我下定决心去面对自己这些糟糕的情绪，才借助痛苦的力量，一点点摆脱受害者的包袱，找回那个真实的自己，也找回内心的平静和满足。

距离真实的自己越远，就越找不到内心的平静和满足。试想一下，一个人如果每天内心的冲突都层出不穷，又怎么能够平静下来、感到满足呢？把自己伪装成另一个人的样子，谁能开心得起来呢，更别说拥有一段让人满意的关系了。在冲突中，如果你总是伪装自己，不表达自己真实的想法，你将很难让冲突归零。我们之前讲过，当你穿上了伪装，不敢显露真实的自己时，很容易就会感到焦虑或者抑郁，哪怕身边有再多朋友，你还是快乐不起来，就如图 8.1 所示。

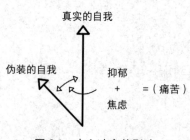

图 8.1　内心冲突的影响

了解你的伪装

要想拥有自己期待的关系，我们必须卸下伪装，找回真实的自己。因此，很重要的一步就是要知道自己的伪装策略是什么。我们之所以采取这些策略，是有原因的。实际上，大家在生活中总会运用一些策略来伪装自己，但我们还是想让图 8.1 中的两根指针合二为一，即卸下伪装。那我们要怎么做呢？答案就是，大胆直言，说出自己的真心话，选择选项 C，欣然接受冲突。我们要学习的就是，怎么做回自己、怎么经营自己重要的人际关系，这就是拥抱冲突的意义所在。

还等什么，让我们一起来揭开自己伪装的面纱吧。仔细想一想，你到底是什么样子的、伪装的你和真实的你到底哪里不一样。举个例子，那个伪装的你很在意别人的眼光，而真实的你更关注自己的想法，哪怕这样的自己遭人冷落，也没有关系。为了避免冲突，维持表面和谐，在一些情况下你会选择隐忍。但是这样的策略会让你远离真实的自己，久而久之还会影响你生活的重心和方向，更可怕的是，它会影响你在重要的人际关系中的表现。

我们来看看菲利普的故事吧。他顺风顺水，毕业于常青藤名校。由于没有特别明确的未来规划，他决定用 1 年的时间来休息、旅游，好好思考自己的人生（寻找真实的自己）。但是，菲利普的家人希望他赶快找份工作，稳定下来。与此同时，他身边的同学都找好了工作，不是去了创业公司就是进了世界500 强企业，这给了他不小的压力。菲利普的爸爸在一家大银行工作，他也受其影响学习了金融专业。最后，菲利普放弃了自己的想法，迎合大家去了一家金融公司。公司待遇不错，这让他从不知道自己真正想做什么的内心混乱中解脱了出来。菲利普在这家公司工作了 8 年，工作能力得到了大家的认可，由此带来的名誉和地位也极大地满足了他那个伪装的自己。

菲利普毕业不久就有了女朋友。一开始，两个人相处得很好。随着时间的推移，菲利普变得有点郁郁寡欢，开始把自己沉浸在酒精和工作之中。毕竟，一周工作 70 多个小时，什么问题都被抛诸脑后了。他的女朋友很贴心，她了解菲利普，也知道他做这份工作的代价是什么。所以，有很长一段时间，她都极力劝自己的男朋友辞职去看心理医生。可是这样的关心和疏导，反而让两个人的关系越来越糟，他们之间的冲突增多了，两个人也变得更加疏离。每次，她都想跟他好好谈谈，把矛盾解开，可是菲利普从来不说自己的想法，只用"没事"搪塞过去。他就这样把所有的感受都深埋在心底。他之所以这样做是因为根据他的经验，他觉得把自己真实的感受表达出来会带来更多的问题。最后，他的女朋友终于受不了，和他提出了分手，然后收拾行李离开了他们两个人一起搭建的爱巢。这给菲利普带来了巨大的打击。

菲利普之前在乎的是地位、金钱和酒精，一心想要融入工作的圈子，唯独把他和女朋友之间的感情放在了最后。女朋友的离开改变了他。他这才发现自己为了追求一些虚无缥缈的东西，亲手毁了自己的爱情。他总是把感情放在后面，所以一直避免与女朋友的外部冲突，还借助酒精麻痹自己，以缓解内心的冲突。

　　我们只有改变对冲突的看法,才能真正做出改变,找回那个真实的自己。所以,请先了解自己的价值观,以及对你来说到底什么是最重要的。因为你的价值观和想法塑造了与众不同的你,影响了你的选择,也改变了你的人生方向。

　　我们在人生的旅途中,同样也会用到指南针,只不过这个指南针指向的不是某个实际的方向,而是我们最在乎的东西,或者我们觉得最有价值的东西。我们会在心里给我们身边的东西排个序,然后去追寻自己最想要的东西,并努力回避那些自己觉得没有那么重要的东西。

　　当你可以做回真实的自己,诚实地表达自己的想法的时候(选择选项 C),你内心的指针指示的方向才有意义。哪怕这个过程中有曲折、有艰辛。当然,在那些重要的人际关系中,如果对方的指针和你的指针指示的方向不一样,想要处理好两个人的差异,成功解决冲突,自然难上加难。这种时候,如果你和菲利普一样,没有学会怎么驾驭冲突,就会选择选项 B,你内心的指针也没有办法听从你的真实想法,只剩下那个真实的你,被伪装起来,孤零零地躲在角落中。当我们活在别人的期望和眼光中,按照他们的想法做人做事时,我们内心的指针就会偏离真实的自己,然后我们会像菲利普那样,为了迎合别人、融入群体,接受别人的价值观,让自己的指针偏离方向。

　　当我们内心的指针偏离了方向时,我们会变得随波逐流,没有目的,也找不到热情。这感觉就像是坐在自动驾驶的车上,什么也不用想,什么也不用做,舒服而自在。于是,我们就这么继续活在别人的眼光中，做别人正在做的或我们习惯做的事情。菲利普被地位、金钱、酒精这些外在的东西吸引住了，要是没什么意外的话，他会一直拿着丰厚的报酬，并很可能选择让自己的一生都沉浸在这种安逸又空虚的生活中。指针偏离了方向还可能让我们困在受害者之谷中，选择用一时的享乐来麻痹自己，不去考虑到底怎样才能化解冲突、成为一个谱写者，自然距离美好的关系也就越来越远。

相反，如果我们能学会应对冲突，就能让我们内心的指针找到真正的方向。哪怕我们一开始有点不适应，也会很快发现，做回真实的自己的感觉真是太棒了。而这个指针也能引领我们找到人生的意义，获得内心的满足。

可能你还有疑惑：要怎么做，才能在重要的人际关系中做真实的自己呢？其实，这也是我们在所有重要的人际关系中会面临的问题。不管我们在什么样的关系里，不管是家人、朋友还是伴侣，其实都与我们有着不同的价值观。不同的价值观相互碰撞，自然会产生冲突和争端。但是那些强大的团队和关系能顺利化解外部冲突，并且在这个过程中，每个成员内心的冲突也会随之减少。

接下来，让我们一起来做个练习，看看要怎样使用这个指南针，以确定哪个是外界希望我们成为的样子，哪个是我们内心深处真实的样子。通过这个练习，我们不仅可以看清自己的指针现在所指的方向，还能看清这些年来自己一直感受到的内心冲突。约翰·德马蒂尼博士关于"价值确定过程"（value determination process，VDP）的研究打开了我的思路[1]，我在这个研究的基础上做了相应的改动，才有了下面的指南针练习。

约翰提出了很多问题，旨在帮助你了解自己的想法和价值观，我对其进行了调整和删减。你的答案将揭示你看重什么，以及你的人生目标和行动方向。要注意的是，这里所说的价值观和你是否诚实、值不值得信任都没有关系，尽管这些品质都很重要。所以，请不要把价值观和道德联系在一起。这里所说的价值观指的是你认为什么是自己毕生所求、视若珍宝的东西。就像菲利普追求地位、金钱和酒精一样，不管你的追求源自哪里，是恐惧也好，习惯也罢，这都体现了你的价值观。

远离伪装的自我

在做指南针练习之前，我们先来说一些要求。首先，一定要诚实作答。仔细回顾自己的人生，想想你做过哪些决定，又有着怎样的过往。要知道我们的心之所向（内心的方向）和指针的实际指向（别人的期望）可能是不一样的。然后，把别人对你的期望写下来吧。注意，你要写的是别人对你的期望，而不是你内心的真实追求。这个练习到时候能帮助你顺利化解外部冲突，我们现在一起开始吧。

---

[1] 如果你想深入了解这个主题，我推荐你去看德马蒂尼博士的著作《价值因素》（*The Values Factor*）。

第 1 步：思考，反思，了解自己

请简要回答下面 9 个问题，每个问题用 4 个词语作答。仔细思考，然后写出你的答案。

◆ 你大部分时间在做什么？（比如工作、陪家人、刷新闻、锻炼、看比赛。）

◆ 你在什么事情上花费的精力最多？

◆ 你的钱都去了哪儿？（看看自己的花销，以及自己在网络平台上买了些什么，想一想你每周、每月的开销情况。）

◆ 你最喜欢什么类型的电台节目、博客、书、杂志、电影或文章？上网的时候，你都喜欢搜索些什么？

◆ 你经常和谁在一起？

◆ 面对冲突的时候，你会积极应对吗？如果不会，那么当你因为其他人而感到焦虑、害怕、伤心或者受挫的时候，会做些什么呢？

◆ 你每天心里都在想些什么？哪些事情会让你担忧、让你辗转反侧？

◆ 你觉得自己在哪一方面表现得最好，哪怕面对压力也能临危不乱、条理清晰？

◆ 在你的伴侣、家人和朋友看来，什么对你来说是最重要的？

第 2 步：更明确地理清你的答案

假设对你来说，最重要的是工作，因为你的答案中有很多

"工作"，那就继续想一想：工作的哪一方面这么吸引你？这么卖力地工作能给你带来什么，是地位、人生价值、权力还是生存的意义？对很多人来说，工作最大的好处就是能带来经济保障、生活目标、自由，以及我们想要的生活。

假设对你来说，最重要的是家庭，那就再具体一点：你最在乎的到底是你的原生家庭、你的配偶、你的孩子还是你的小家庭？家庭的概念太宽泛，一定要进一步明确你所说的"家庭"是指什么。

如果你写的答案中有"做饭或者打扫卫生"这类你并不喜欢但为了整个家庭必须每天硬着头皮去做的事情，那就再明确一点，想一想这些事情对你来说到底意味着什么。你会发现，它们可能意味着"家""条理"或"育儿"。很多父母都会为了自己的孩子每天心甘情愿地辛苦奔波。通过思考这些问题，我们会更加明白自己这么做的意义究竟是什么，也能少一点抱怨、多一点安慰。

你的指南针到底指向那里？把你的答案分享给自己的好朋友。同时也请他们根据你的日常行为和表现，来判断你最在乎的到底是不是这些。

第 3 步：对你的答案进行分类排序

通过回答上面的问题，你会发现有的答案出现了不止一次。把那些重复出现的答案用画圈或者打钩的方式标出来，并计算它们出现的次数。举个例子，如果你有 7 次提到"照顾孩子"（提到的次数最多），那就说明这对你来说最为重要，你会把照顾孩子放在首位。然后，在图 8.2 的价值观金字塔的第 1 行写下"照顾孩子"。

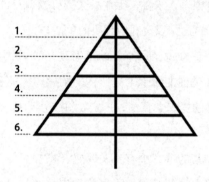

图 8.2　价值观金字塔

以此类推，把出现次数第二多的答案写到价值观金字塔的第 2 行。假设你 6 次提到了"工作"，就在第 2 行写上"工作"或者"经济保障"之类的词语。在统计的过程中，有的时候我们需要把一些内容合并到一起。举个例子，假设你在答案中提到了锻炼、爱护身体和养好后背的伤，就可以把这些都归到"健康"这一类中。

价值观金字塔就像指南针的箭头，两者顶端都指向对你来说最重要的事情，你的大部分精力也都放在这个上面。越在价值观金字塔下方的事情对你来说越没有那么重要，你做起来自然就越缺乏积极性。

你把什么放在首位，自然会在上面投入最多的精力和时间。在对待自己在意的事情时，我们都会更加谨慎和认真。哪怕你不情愿，也还是会去坚持，因为心里知道它的重要性。就像菲利普，他之前把重心都放在了追名逐利上，想要获得更高的社会地位和更多的金钱，所以心甘情愿一周工作 70 多个小时。再比如，想参加奥运会的运动员每天都会坚持训练，风雨无阻；如果孩子病了需要回家休息，父母就会放下手头的一切。他们在做这些事情的时候都不需要任何人提醒，也不会有任何犹豫，因为这些事对他们来说很重要。为人父母，自然也能接受每天千篇一律地做家务，柴米油盐地围着灶台打转。

　　接下来再来想一想，你的人生有什么信条和追求，你崇尚什么思想和存在方式，把你的答案写到图 8.2 的纵轴上。假设你写下的是"个人成长与发展"，那就说明你每天所做的事情，多多少少和个人成长与发展有关。个人成长与发展不仅是你的价值观，更是你的生活之道。你的答案还可以是诚实、乐观、宗教信仰、权力追求、品行端正等。如果你经过思考，发现自己在追逐想要的人生时，并没有统一的指导思想，那么这一部分的内容可以选择不写。

　　还记得之前分享的萨拉的故事吗？一直以来她都在极力避免与他人的冲突。在咨询过程中，我曾问过她："如果不去帮助别人，你会是谁？"听了我的问题后，萨拉竟一时语塞。她一直都在帮助别人，这似乎成了她身份的一部分，以至于如果不这么做，萨拉都不知道自己是谁。萨拉还发现，哪怕自己的婚姻没有问题，她也总是觉得少了点什么。即使帮助了再多的人，得到了再多外界的认可，她的心中还是空落落的。除此之外，萨拉的身体似乎也出现了新的问题，她夜晚失眠严重，白天又昏昏沉沉的，工作的时候只能依靠糖和咖啡的刺激才能打起精神。孤单又无助的她，根本不愿意更不敢去想自己到底怎么了。于是，萨拉把时间安排得满满的，不停地工作，好让自己忙起来。哪怕不工作，也要带着孩子干这个干那个。下面，我们一起来看看萨拉在做指南针练习的时候写下的她所看重的东西。

1. 育儿。
2. 工作（兼职护士的工作不仅能实现个人价值，还有经济收入）。
3. 社会责任。
4. 在网飞上看电视剧，刷 Instagram（照片墙），看新闻。
5. 和丈夫的感情。
6. 健康和幸福（做瑜伽、散步、对自我的关怀）。
7. 亲近大自然。
8. 旅行。
9. 织东西。
10. 其他事项。

萨拉一共 8 次提到了育儿，5 次提到了工作，4 次提到了社会责任。再往后，我感觉萨拉对自己看重什么就不是很明确了。一开始她把跟丈夫的感情排在第 3 位，但当我基于她的行为进一步跟她确认时，她又把婚姻排到了第 5 位。萨拉说，在经济上以及和朋友的友谊上，她没有什么可担心的，与之相比，她和丈夫之间的关系让她没那么有安全感。我们还可以看到，萨拉把对自己的关怀和健康放在了后面，与之相比，她更在意别人。尽管她这么做让人感觉很奇怪，但是鉴于她的过往，我们也能理解这种行为。在图 8.2 的纵轴上，萨拉写着"做个好人"，经过讨论我们把这个词换成了"利他主义"，因为这是萨拉的人生信条，是她对待生活的方式。通过这个练习，萨拉终于客观地认清了自己在生活中重视的是什么。

第 4 步：找到你正确的方向

现在，你已经知道了你的指南针上的指针的实际指向。那么接下来，请写出你希望走向哪里。不妨问问自己：如果我不害怕，如果我很有安全感，那么我最看重的会是什么？还有一个办法可以帮助你找到真实的自己，那就是回忆一下自己小时候，想想有什么曾经很喜欢现在却不做了的事情。我记得自己小时候喜欢大自然，想要找到归属感，也很关心社会问题，但不是很喜欢体育运动。所以，现在的我经常走进大自然中，并且努力地学习如何经营关系、了解真实的自己，也是情理之中的事情。终于，我的敏感不再是一个负担，而是我作为关系教练的绝佳武器。真实的自我就藏在我们那些最痛苦和最欢乐的经历中，回忆一下自己的过往，去这些生命的起起落落中把他找出来。

你会发现，我们的人生都有两个方向，一个是指南针上的指针的实际指向，受内心的恐惧所影响，另一个是我们心中希望的走向，有勇气相伴。找一张纸，写上你真心想要的东西。也许你不知道要写些什么，这是可以理解的，毕竟伪装了太久，你可能一时找不到那个真实的自我，因为伪装已经成了你的一部分。没关系，我也是试过很久之后才找回真实的自我的。

我们再来聊聊萨拉。我问她："放下你的担忧和顾虑，你最在乎什么、最想做什么？"在我的帮助下，经过一番思考和探讨，萨拉终于理清了自己内心的方向，排序如下：

1. 家庭 / 育儿。
2. 婚姻。
3. 工作。
4. 自我关怀。
5. 健康。

和之前的排序比较一下，我们就可以发现，原来萨拉想要的这么简单。萨拉也终于明白了自己实际追求的和内心想要的居然差这么多，并清楚地看到了自己内心的冲突。自从有了孩子，萨拉就告诉自己应该放弃工作，当个全职妈妈，但是又担心单凭丈夫的工资不足以维持一家子的开销，就这么纠结着去工作，从而错过了孩子成长的很多美好。萨拉也发现，虽然自己喜欢帮助别人，可是心里其实早就厌倦了别人不断的称赞，再也不想把自己的需求放到最后一位了。而且，因为爸爸是一名医生，萨拉总以为自己也得从事医疗工作，否则会让爸爸失望。她也想过去学习公共政策，将来为医疗保健的改革尽自己的一份力量，但她又担心朝九晚五的工作会剥夺更多她和孩子亲密相处的时光。

萨拉仔细想了很久，她一直以来都希望能够帮助人们成长和治愈人们，这也是她选择当护士的初衷。看着大家的生活再次充满希望，她也跟着高兴。所以，尽管伪装的自己选择做护士是为了迎合父母，但这和她内心的方向（帮助他人）并不算背道而驰，所以也就没有换工作的必要了。但是，那个伪装的自己帮助他人只是为了获得更多的称赞和认可，就像她小时候照顾生病的妈妈那样，所以她总是自我牺牲。而萨拉真实的自己想要帮助他人，没有任何附加条件，也不需要得到别人的称赞，只是因为她喜欢帮助别人成长，因为在帮助别人的过程中她能感到满足。

　　过去，萨拉一直不明白，婚姻中的冲突其实可以酝酿和沉淀出更加美好的感情。她想减少工作时间，多陪陪家人和孩子，却担心丈夫不同意。她一味地避免冲突，因为在她看来面前只有两个糟糕的选项——要么选择做自己，但会失去丈夫和工作；要么继续这样忍耐下去，让负面情绪一点点把她吞噬。她忽略了选项 C，没有把自己对婚姻和工作的担忧直接告诉丈夫。其实，直面冲突才是帮助萨拉摆脱困境的关键。

如何解决内心冲突？

　　首先，我们要知道，当我们想要的和实际追寻的不一致时，就会引发内心冲突。然后，想一想内心冲突给我们带来了什么后果。大部分面临这种情况的人，内心都会很痛苦。我们不妨跟随自己的感觉，看看是什么让我们痛苦、不满或如此渴望。最后，还要看看为什么我们认为自己只有两个糟糕的选项，实际上，我们还有选项 C 可以选择。

要想改变这种状况，关键在于直面冲突，告诉别人自己的真实想法。这样做才能让我们卸下伪装，找回真实的自己。要踏上这段涅槃之路并不容易，只有真正的勇士才能坚持下来。我们可以回忆一下自己看过的电影，想想电影里的主角是如何承受住外界期望对他的压力，勇敢地做自己的。

萨拉已经认清了那个真实的自己和伪装的自己。经过进一步评估，我们又了解了现在的她距离自己内心的方向究竟有多远。了解了两者之间的差距后，萨拉崩溃了，她产生了放弃的念头。其实，这种反应很常见，我们都需要一段时间来消化这一点。大约过了一周，萨拉又找到了我。这一次，她已经下定决心，问道："我要怎么做？"我告诉她："先和你丈夫吵上一架。"听到我幽默的回答，萨拉笑了。现在的萨拉迫切想要改变，她找准目标就义无反顾地踏上了征途，朝着自己内心的方向迈进。

接下来，我们一起来探讨一下，在萨拉所在意的事中，最为令她头大的 3 件。也正是这 3 件事，无形中给了她很大的压力。

1. 她的婚姻。

2. 她的工作。

3. 她自我关怀的情况。

上面的每一件事，都在萨拉的内心引发了一场冲突。在婚姻中，萨拉为了避免和丈夫发生冲突，不敢表露自己的真实想法。这种逃避让她备受煎熬，每天都在纠结到底是要把话说出来，还是保持沉默继续维系这段感情。没过多久，在萨拉的努力下，他们两个人终于开始沟通，并准备好了直面冲突，以改变他们的婚姻。再来看看萨拉的工作给她带来的内心冲突。真实的自己喜欢去帮助别人，但是伪装的自己却总是想得到更多的回馈和称赞，以讨好自己的父母，两种不同的心境令萨拉左右为难。在自我关怀方面，萨拉总是以牺牲自己为代价去帮助别人，这反而引发了萨拉内心的冲突。我告诉她，要想让自己转变过来，她必须要适应冲突、拥抱冲突。当然，这需要一个过程，也许要努力 6 个月到 1 年时间才能看到成效。萨拉迫切想要改变，于是她注销了视频网站的会员，也卸载了手机上的社交软件，把更多的时间和精力放在丈夫身上，并和他一起学习如何经营自己的感情。

如果你能和萨拉一样，诚实地面对自己的内心，也许会发现那些自己声称最在意的事情实际上被你排到了后面。这个答案也许会让你吃惊，因为你觉得它们"应该"更靠前一点，但是经过客观的分析和思考，你可能又会发现自己其实没有那么在乎它们。慢慢来，细细想，注意不要出错。不管你的答案是什么，一定要对自己诚实。如果你对自己的答案不满意，那就从现在开始努力改变它。

第 5 步：认清你的恐惧

我们的内心之所以会有冲突（指南针上的指针和我们内心的方向不一致），最根本的原因是我们害怕冲突，不敢去选择选项 C。在恐惧的驱使下，你总是想尽办法给自己的选择辩白，哀叹自己"不能"是因为 X、Y、Z 等合理的理由。"我没有时间""我不知道应该怎么办""我的钱不够"……都可以是你没有做出改变的借口和理由。[①] 你必须开始认识到，其实每一天你都在为自己做出选择。如果你认为这不是你做出的选择，你就是把自己置于没有改变能力的位置。选择就是一切。哪怕你深陷受害者之谷，也可以做出选择。

选择就是出路。请放下你的顾虑，勇敢地承担起自己的责任，扪心自问"我要怎样才能摆脱这种困境?""我首先要做些什么?"如果你实在太害怕了，也可以鼓励自己"保持现状再等等看，等我做好准备再说"。

可以制作一个表格，再想一想你都是在什么样的情况下选择伪装自己的。为什么你要把真实的自己藏起来? 如果你卸下伪装，会有什么后果? 请把你的答案填在表 8.1 里。

表 8.1　伪装自己的情况表

我没有做自己的情况	工作方面	家庭方面	感情方面
原因 / 理由	保住饭碗	挽回面子	维系感情
做自己的代价	被炒鱿鱼	与家人关系冷淡	分手

到底是什么原因，让你在那些重要关系中不敢做真实的自己? 请拿出一张白纸，在上面写上"我不能做真实的自己，是因为＿＿＿＿＿＿"。把你想到的所有原因都写下来，然后和你

---

① 我知道我们中的有些人有一定的生存恐惧，比如粮食短缺、衣物短缺、流离失所等。由于你正在阅读本书，所以我假设这些基本的生存需求对你来说不是什么问题。

的朋友分享。一定要这么做，这能帮助你对自己敞开心扉。先热一下身，你就可以准备好直接迎战冲突了。

　　还有一点，当你开始做回自己，不再活在别人的眼光中或者期望里时，势必会引起一些人的不满。他们可能会觉得你这么做很奇怪，或者认为你反应过度，或者两者兼而有之。你可能会因此而觉得自己被拒绝或被评判了，你可能会倍感孤单。这时请记住：我们永远没有办法让所有人都满意。眼界放宽了，你自然会有更多的选择——哪怕前路充满未知。确实，新的选择要直面冲突，这在帮你摆脱僵局的同时很可能会结束你的这段感情，这难免会让人难过。但是你要明白，如果一个人不愿意接纳真实的你，留在身边就没有什么意义，不如放他离开，好空出位置给新的感情——可以应对压力和冲突的感情，可以让你做回自己的感情，以成长为导向的感情。你是什么样的人就会遇见什么样的人，所以先从改变自己开始吧。无法应对冲突的关系注定不会长久，只有携手经历风雨，才能让感情更加深厚。

　　找回自己的过程，其实就是冲突归零的过程——建立联系、断开联系、重建联系。而实现冲突归零的唯一方法就是学习如何将冲突归零。想想我们在冲突归零的同时，还能重新认识并做回真实的自己，是不是特别棒？

如何改变想法，找回方向？

　　讲了这么多，你是不是还在犯难，到底怎样才能以自己真实的价值观为指引，朝着内心的方向迈进呢？我的导师曾说过："人在做选择的时候，都会趋利避害。"这么看来，只有当你认定某些选择和行为比其他的对自己更有利时，才会想办法朝着这个方向转变。另外，你还要给自己设定一个时间期限，到什么时候为止，你要让你的指南针上的指针调转过来，指向你内心的方向。如果你还没有做好换工作的准备，没问题，可以把这个放一放，先从改变自己在重要关系中应对冲突的方式开始。然后想一想，在改变的过程中，你可能会遇到什么难题，需要什么帮助，具体要怎么做才能实现它。

　　举个例子，如果你想要在一段重要关系中告诉对方自己心中真实的想法以直面冲突，但实际上你什么都没说。这就表明，你觉得比起坦诚地表达自己，避免冲突是一种更好的选择。要想改变这种情况，你首先要搞清楚，说真话、做回真实的自己对你有什么好处，能给你们之间的感情带来什么帮助。把你能想到的好处都写下来。如果你想到的都是不好的一面，那么没办法，你只能继续困在这里了。

　　我知道，你其实也很想将书中学到的内容运用起来，但是因为工作忙一直顾不上。要想在职业生涯方面有所改变，一定要投入金钱、时间和精力去学习如何应对冲突。列出10—20个学习这些技能和工具的方法，这将帮助你成为更好的员工。也许你的薪水会翻倍，因为你成了关系领导者，而你的老板非常器重这种成熟、能够解决冲突的人；也许你会进入公司的管理层，因为大家都认可你的沟通技巧，整个团队都需要你。

　　我见证很多人通过学习找回了自己内心的方向。比如山姆，几年前他曾和你一样挣扎，想把定期锻炼放到更重要的位置上。这个过程并不容易，山姆努力想象着定期锻炼的好处，比如可以缓解压力和紧张，可以让他有个好身体。身体好了，精神自然也好了，山姆整个人也跟着积极、阳光起来了。而且，锻炼还让山姆每天下午不困了，不再需要午休了，这使得他的工作效率也跟着提高了。这些让山姆在各种角色中如鱼得水——在工作中，是个好领导、好老板；在生活中，也是别人贴心的伴侣和朋友。

我相信通过这一章内容的学习你已经明白了，为什么外部冲突终将导致内心冲突。不管你走到了人生的哪一步，是结婚生子，还是和朋友合租或者开公司，冲突都会如影随形。只有学会拥抱冲突，你才能真正蜕变。坚持做冲突归零的练习，直面和他人之间的冲突，你的指南针上的指针的指向一定能和自己内心的方向实现一致。

行动步骤

1. 想一想你小时候为了得到更多关爱，都用了什么办法，写下其中的 3 种。如果你已经记不得小时候的事了，就想想在自己的重要关系中，你有什么固定的行为模式。

2. 根据书中的指导，完成指南针练习，把指针的实际指向和你内心的方向都找出来。

3. 把你真实的想法和别人赋予你的想法写下来，反思一下为什么会有这样的差异。可以写到你的日记里。

4. 如果指针的指向和你内心的方向不一致，就赶快把"学习应对冲突"添加到你的首要任务中，想一想这能给你带来什么好处。

5. 主动把你的想法分享给值得信任的朋友，看看你能不能真正地敞开心扉，全都说出来，并认清自己哪里做得不好，需要改进。

第 9 章

如何在冲突中与自己的导火线共存？

所有的心理医生都会告诉你，治愈的过程会让人难受，但是千万不能因此放弃治疗。因为如果放任不理，累积的问题会让你更痛苦。

——雷斯玛·梅纳科姆（Resmaa Menakem）

在争吵和冲突中，我们总是觉得自己知道如何处理，但是真的是这样吗？仔细想想，我们虽然难受，但也没有让对方好过多少。比如，在争吵中另一半没有及时回信息，我们通常会气得不行，声音都跟着高八度，或者满脑子想的都是对方的问题，似乎我们人生所有的不幸都是对方引起的。我接触了许多人际关系方面享有盛名的专家，他们一致认定，当两个人的关系出现问题时，如果双方都不愿意或者不懂得如何控制自己的言行，那么这段关系很可能会走向终结。说得简单一点就是：管不好自己，就经营不好关系。

回想一下你的感情经历，有没有哪一段关系是因为自己或对方在相处的过程中被内心的"惊弓之鸟"掌控，失去了理智，最后两个人渐行渐远？你是这样，对方也是这样，而且谁也不知道到底应该怎么应对这种情况、怎么修复受伤的感情。这些没有解决的冲突，给我们带来了很大的痛苦，让我们情绪崩溃、身体不适，甚至胡思乱想。当我们和对方交锋的时候，这些痛苦就会一股脑儿地袭来。因此，要想有效应对冲突，我们首先要学会处理自己内心的感受。

之前讲过，当我们远离了真实的自己，感情中又出现了问题时，很可能会进入"惊弓之鸟"模式，任凭最原始的本能支配自己。回忆一下小时候，每当家里人发生争吵或你被别人弄得心烦意乱时，你会有什么反应。也许你会和我一样，不知道去关注自己内心的伤痛，而是一味地压抑自己的情绪、刻意分散自己的注意力或者干脆做白日梦来麻痹自己。也许你会把外部冲突带到自己的内心，觉得这一切都是你的错，是你不够好。也许你会充当和事佬去极力化解冲突，你感觉这是你必须要做的事情，即使付出一切也在所不惜。但是，很少有人去关注自己，很少有人知道如何面对内心的痛苦和不适。如果你也是这样，不用太焦虑，这些都是可以通过学习得到改善的。现在，就让我们一起来学习如何面对冲突引发的不适吧。

由外而内还是由内而外？

假设现在冲突一触即发，对方想要远离你（过分疏离），或者咄咄逼人，不停地责备你（过分亲密）。感受到威胁后，你的身体会不自觉地进入"惊弓之鸟"模式，试图用我之前讲过的断开联系时的 4 个应对策略（装腔作势、崩溃自闭、努力挽回、闪躲回避）来保护自己。空气似乎都跟着凝滞了，你只希望能赶快结束这一切。其实，这个时候你首先要做的是，搞清楚威胁到底源自哪里。是外部还是内心？这两者又有什么区别？

在回答这个问题之前，我们先一起来回顾一下老电影《空前绝后满天飞》（Airplane!）。电影的主人公特德是个退伍军人（后来当了出租车司机），他在一场战争中留下了阴影，对飞行产生了恐惧。在一次乘坐飞机的过程中，机上的飞行员因食物中毒昏了过去，飞机即将坠毁。千钧一发之际，唯一有驾驶经验的特德肩负起了驾驶飞机的重任。坐到驾驶座上，特德回想起了战争中的痛苦经历，他太害怕了，于是开启了自动驾驶，还在驾驶座上放了个娃娃，充当飞行员。被恐惧和自我怀疑吞噬的特德不停地对自己说"我真的受不了了"。他本是来救急，帮助飞机降落的，但是在紧要关头却差点选择放弃。那么，特德的压力源自哪里呢？是外部还是他的内心？

很多人都觉得，人在冲突中感觉很紧张、有压力，是外部因素造成的。就像特德，当暴风雨平息、飞机顺利着陆之后，他整个人瞬间就感觉好起来了。遇到这种情况，我们会抱怨飞机、抱怨天气，但实际上，这些并不是我们痛苦的根源。也就是说，我们总觉得是对方的错，才让我们这么难受，却没有意识到对方只不过是引发了我们内心的情绪。所以，把责任推到别人身上是不对的。没错，他们的行为是影响到了我们，触发了我们的感受和情绪。但是情绪是我们自己的，自己不负责，又怎么能归咎于别人呢？很多时候，我们感受到的威胁不仅来自外部，也源自我们的内心，所以要想将冲突归零，不仅要对方配合，自己也要努力才可以。

电影中的特德深陷过去痛苦的回忆中，紧张得直流汗，他的内心波涛汹涌，自己根本控制不住。这和我们平时听到的很多真实故事不一样，在现实中，那些飞行员在面对暴风雨（外部）时，都能临危不乱、保持冷静（内部），最后自然也能成功着陆（不过特德最后也成功了）。

电影情节啼笑皆非，我们的生活当然不一样。如果我们是特德，面对这样的情况时也会倍感压力，以至于忘了去想办法着陆，而是想要逃离驾驶座。这样做不仅对解决冲突没有帮助，还会给我们带来更多的困扰，从而产生更多的压力。

情绪不适阈值

我们所能承受的不适情绪的最大值，就是"情绪不适阈值"（emotional discomfort threshold, EDT）。

20 岁的我是大家眼中的"猛男"，但是我的情绪不适阈值非常低。只要女朋友稍微表现出一点儿对我的依赖或者不高兴，我就会受不了。哪怕是对方简单说一句"我感觉咱们有点疏远了，要不要谈谈？"，就能让我不知所措。然后，我会把她从我女朋友的角色中"开除"，再换个女朋友——我终于可以解脱了，可以不用难受了！实际上，这都是因为我不知道怎么应对她的需求和情绪所引发的内心的不适。难道我的情绪不适阈值只有火柴盒汽车那么大吗！讽刺的是，一直想成为一名极限运动员的我，在其他方面的抗压能力却是不错的——我能连续几个月睡在荒野里，我能徒手攀爬 300 多米的高度，我能在滑雪道上风驰电掣般地滑行。但是一提到人际关系，我就像变了个人，完全承受不了那些不适的感受和情绪。

如果不想办法提升自己的情绪不适阈值，我们的人际关系就会变得一塌糊涂，那些负面情绪也会跟着一涌而出，既伤害别人，也让自己难堪。你也许和我一样，没有分清这些负面情绪到底源自哪里，才会认为"你让我这么难受，都是你的错"。然后，要么寄希望于改变对方，要么干脆从这段关系中抽身。我懂这种感觉。但是这么做，我们的情绪不适阈值永远都不可能有所提升，我们也会失去学习、成长的机会。

所以，冲突的根源并不是我们身边的人刁钻刻薄、不好相处。说起来，我们也有自己的缺点和不足！真正的问题是，我们不知道怎么应对那些难相处的人给我们带来的不适的情绪和感受。所以，我们不应该再执着于向对方声讨"你为什么让我这么难受？"，反而应该问问自己"他给我带来了什么样的负面情绪？我要怎么应对自己的情绪"。

要想提升我们的情绪不适阈值，必须做到两点：一是自我调节；二是自我反思。只要能做到这两点，我们就能更好地控制自己的情绪，就能把主动权掌握在自己手里，不用再去逃避，更不用把希望寄托在别人身上，苦等对方改变。

我们必须要学会承受生活中的情绪、痛苦、压力和烦恼，这样才能训练自己的大脑，拥有更美好的感情、更和谐的关系。

————————◆————————

　　我们必须要学会承受生活中的情绪、痛苦、压力和烦恼，这样才能训练自己的大脑，拥有更美好的感情、更和谐的关系。

————————◆————————

几年前，我加入了一个佛教团体，一方面是源于我对东方心理学及其实践的好奇，另一方面是为了找回真实的自己。那时的我已经伪装了太久，都快忘了真实的自己是什么样的了。

通过冥想，我学会了如何去关注自己的内心、如何提高我的情绪不适阈值。渐渐地，我可以客观地去感受、去思考、去体验了，也就不再那么容易被情绪控制了。在尝试冥想之前，我自己都不知道自己的内心到底在想什么。当时的我已经看了 6 个月的心理医生，每次对方都会问我感觉怎么样。我的回答一直是"我也不知道"或者"没什么特别的感觉"。情绪压抑了近30 年，一时间又怎么能够理清呢？但是通过冥想，我学会了如何去感知，我可以哭，可以生气，可以表达自己的各种情绪。这开启了我人生的新篇章，让我明白了要怎么做才能把握住那些自己在乎的感情。在这之前，我不知道怎么把自己真实的情绪表达出来，害怕真情的流露会影响我与他人之间的关系。学会如何应对自己内心的感受，让我拥有了更加和谐的关系。

NESTR 冥想

你也许会问，我们要怎样才能更好地感知自己的内心呢？经过多年的冥想和学习，我成了一名冥想训练师，而且研究出了一套更加关注自我调节和自我反思的冥想方法，我把这种冥想方法称作"NESTR 冥想"。我们可以想象一下，NESTR就像安逸的巢穴（nest），蛋宝宝可以在里面安心地成长、孵化。学会 NESTR 冥想，我们也可以守护自己所有不安的情绪和感受，呵护我们内心的蛋宝宝。NESTR 冥想和传统冥想不同，我们不用把重点放在呼吸上，而是把自己的痛苦和不适当作目标，去体会、去承受自己心海里、思绪中或身体内那强烈的情绪和不安的感受。通过 NESTR 冥想，我们可以稳稳当当地坐在前排座位，观察和控制发生在后排座位的非理性行为。NESTR 每个字母的具体含义如下：

N，Number（数字）：从 0 到 10 选择一个数字来表示你的受刺激程度。0 代表你内心风平浪静，非常有安全感，正坐在前排座位。10 代表你坐在后排座位，感到十分愤怒，几乎就要失去理智了。

E，Emotion（情绪）：给你的情绪命名，比如开心、伤心、生气、恐惧。

S，Sensation（感觉）：关注自己身体当时的感觉，比如流汗、燥热、发冷、发麻、腰酸背痛、脖子僵硬。

T，Thought（想法）：跟着你的思绪走，搞明白自己究竟在想什么。

R，Resource（资源）：回到你大脑的前排座位上，让自己冷静下来，唤醒生活中那些令你身心愉悦的回忆，关注自己享有的资源，不要陷入负面情绪之中。

　　按照上述步骤，开始短暂的冥想。举个例子，我感觉自己的受刺激程度是 5（N），我感到很受伤、很伤心（E），而且背部下方有灼热的感觉，左膝也在跳动（S），此时的我满脑子想的都是姐姐不能回来度假了（T），于是我关注当下，努力让自己的内心强大起来（R）。

　　NESTR 冥想用不了 5 分钟的时间。如果你还是不清楚要怎么做，可以访问 http://gettingtozerobook.com，下载冥想引导。每次你感到被刺激，都可以尝试 NESTR 冥想。相信在练习的过程中，你会距离"0"的状态越来越近，同时越来越能接受自己的情绪和感受。

下面，让我们一起来提升我们的情绪不适阈值，并深入 NESTR 冥想的每一个部分，因为只有这样我们才能对它有更好的理解，也会更有动力去练习、去改变。

自我调节

像我这种为心理学而痴狂的人，特别喜欢"自我调节"这个概念，它教会了我如何与自己的感受、感觉以及内在体验相处。许多人把掩饰自己的情绪和自我调节混为一谈。它们绝对不一样。掩饰自己的情绪也是一种重要的技能，在生活的许多场景中都能用到，比如在运动场上、在专心工作时或在和邻居交流出现分歧时，我们最好表现得友善一些，不要把自己的感受和想法一股脑儿地吐露出来。

自我调节是一个过程，就像冲浪一样，但是这里的浪潮是你的情绪和感受，你要学会"驾驭"它们，才能乘着浪花向前。本书的自我调节不同于保持平静。通常风暴过后我们会感受到平静的感觉，而自我调节却是要求我们身处风暴之中也要乘风破浪，驾驭好自己的情绪和感受，哪怕它再强烈。自我调节是一种不管外界和内心有多大的风雨，都能保持现状，与自己的内在体验好好相处的能力。由此可见，它是多么重要的一项生活技能，我们都应该知道如何使用。因为我们只有了解了自己，才能安抚内心的那只"惊弓之鸟"，真正展现自己。而 NESTR

冥想恰恰能帮助我们调节自身内部的三大要素：我们的情绪、感觉和想法。

拥抱情绪

在成长过程中，通常都没有人来教我们如何处理自己的负面情绪、感受以及心理上的不适，特别是在那些亲密的感情和关系之中。[①] 事情往往就是这样，如果年幼时父母没能帮助你处理好自己的情绪，长大后，你也很难处理自己的情绪。如果年幼时你习惯了把自己的情绪压抑起来，或者刻意回避自己的情绪，那么长大后，你也无力经营自己的感情生活，或者不知道怎么面对那些"有情绪"的人。原本情绪的出现可以帮助你更好地去了解自己和对方的感受，你却把这些情绪看作威胁，避之不及。这么做就好比在你的心里埋下火药，随时可能会爆炸，因为你从来不分享自己的内心，自然从来没有人能走进来，了解你的感受。

> 情感能力指的是与我们的环境建立一种负责任的、不去伤害别人也不会自我伤害的关系的能力。它是我们应对生活中难以规避的压力、避免没有意义的压力的产生以及进一步自我治愈的过程所必需的内在基础。
>
> ——加博尔·马泰

[①] 许多个人成长类书籍都不正视负面情绪的存在，这我能理解。因为我们大多数人都不喜欢恼火、恐惧、沮丧、愤怒、绝望、厌恶、受伤等情绪，所以给它们贴上"负面"的标签，也是情有可原的。

学会拥抱情绪，你才能平息生活中的冲突，从而真正放松下来，因为你深知，一切都会得到解决。你会认识到，情绪就如同天气一般，会来也会走。你会更加重视别人的情绪，从而与之共情，并认同他们正在经历的事情。

拥抱感觉

感觉指的是我们身体的感受。我们大多数人都能体会到一些简单的感觉，比如出汗、发热、发冷、身体疼痛以及高强度运动完后或出事故后肌肉的酸痛等。大多数人都不喜欢那些痛苦或不适的感觉，所以我们愿意尝试一切，只要能降低身体上的痛苦感觉。

如果你曾被分手过，就能明白，面对突然终结的感情，心像空了一个洞、说话声音都跟着颤抖、心痛到难以形容是什么感觉。但是，如果你可以学会拥抱这些不舒服的感觉，就能把它们当作踏板，而不是拖累你的障碍，乘着风浪向上。哪怕自己在颤抖，也不要去克制、去回避。尽管这让你害怕，让你不舒服，也要相信自己身体的感觉，毕竟它们是身体发泄和储存能量的一种方式。通过练习，你一定可以提升自己的情绪不适阈值，在冲突中也会变得更加强大。

拥抱想法

当情绪激动、身体的感觉也很强烈的时候，我们更要去拥抱自己的想法，这样才能安抚住内心的"惊弓之鸟"。很多冥想者把我们大脑中的思绪和对话比作"吵闹的猴子"，因为有时候，我们的脑袋里像是有一只失控的动物，在不同的话题间来回切换，很难集中注意力。在冲突中，我们的大脑（在内心的"惊弓之鸟"的驱动下）会不假思索就得出结论，直接想到最坏的情况，竟全然忘记了自己心中到底想要表达什么。举个例子，要是有人没有及时回复信息，我们通常会在脑子里假想各种情况，觉得"他不在乎我了"或者"他生我的气了"。我们之所以要训练自己的大脑，就是为了防止自己胡思乱想、妄下结论，这也是我们冥想的核心目标之一。喜欢冥想的人都知道，冥想要从关注自己杂乱的思绪开始，这一点并不复杂，只需要我们用心去倾听大脑中那无休止的对话，然后引导自己专注于眼前的任务——将冲突归零，这也是训练我们的大脑的一部分。要完成这个任务，需要我们自我反思、自我探索。

自我反思和自我探索

依恋科学家发现，我们越是能反思自己的过去，从中总结经验、吸取教训，在未来越能建立稳定的关系。也就是说，那些经常自我反省的父母养育的孩子通常会在关系方面更有安全感。[1]

只有足够自知，才能更好地自控，更好地理解身边的人。①

---

① 当然，这并不总是对的。我认识很多个人成长爱好者、冥想者和瑜伽修行者，他们处理冲突的技巧很糟糕，自然他们也不知道如何改善自己和他人之间的关系。我的看法是，他们没有学习和运用直接而实用的人际关系技巧。他们的"自学"给了他们很多好的"概念"，但几乎没能提高他们在与他人发生冲突时的能力。一个人有自我意识并不意味着擅长处理人际关系。

这样的人在团体中更有可能成为谱写者、领导者，充当大家的锚。

自我探索练习

每当我因被刺激而感到愤怒、自闭、跟他人有距离感甚至断联感时，都会把眼前的冲突先放一放，要求对方给我一点私人空间，然后开始自我探索。所谓的自我探索，就是问自己一些问题，以更了解自己，从而及时做出调整。

我们可以在 NESTR 冥想的过程中进行自我探索练习，也可以在冥想结束后，去大自然中溜达一圈，顺便做一做自我探索练习。我就最喜欢在散步的时候做自我探索练习。有的时候我还会放一些有助于思考的音乐（通常都是纯音乐），帮助我在身体跟着乐曲摆动的时候进入自己的内心，从而更好地思考和探索。如果你喜欢安静，就不要放音乐，选择能让你听到自己的声音和想法的方式即可。然后，制作一张冲突中的自我探索练习表，如表 9.1，以便明确自己下一步的行动方向。

表 9.1　冲突中的自我探索练习表

他的名字：
他做了什么：
他的反应对你的影响：
你做了什么：
你的反应对他的影响：

这张表一共有 5 行，如果你不知道在第 4 行写些什么，那

就先努力站在对方的角度把第 5 行填上。第 5 行填完之后，仍然不要急于填第 4 行，可以找朋友或者教练帮你分析一下自身存在的问题。如果你一直坚持坐在后排座位，认为自己是"对的"，别人都是"错的"，那么你就还没有想明白，也没有看明白。这倒也没关系，任何时候，你都可以去问问冲突中的另一方，让他告诉你你的问题到底在哪里。相信他们肯定有一堆话等着要对你说。

　　自我探索需要深入倾听。你能不能去倾听一下自己的内心，直到搞清楚到底是什么状况？你只有搞明白到底是什么事情引发的冲突，才能让自己平静下来。把表 9.1 中的每一行都填完后，继续回答下面这些自我探索的问题。你也可以根据需要再加上一些其他问题。

◆ 我现在到底在害怕什么？

◆ 这是新的冲突？还是一直存在、反复出现的问题？

◆ 这次冲突给我的感觉和以往相比，是否一样？还是让我有了不一样的感受？

◆ 我现在到底有多痛苦？

◆ 我真的愿意让自己深陷于痛苦之中，直到一切结束吗？

◆ 在遇到这个人之前，我是否有过这种感觉？

◆ 他的所作所为让我想到了谁？

◆ 我是不是希望对方不要来刺激我，也不要挑战我的价值观？

◆ 我是不是希望对方按我的方式生活，或者按我的想法行事？

◆ 关于这个问题，我们之前有没有达成过一致？如果达成
　了一致，我有没有违反我们的约定？

◆ 我为什么这么在意这件事情？这到底是怎么回事？

◆ 我愿不愿意继续维系这段关系，和对方一起攻坚克难？

◆ 我接下来要怎么办？（参考下文）

第一个问题就能帮助我们认清事实：我到底在害怕什么？
它能帮助我们找到一开始自己到底是因为什么而感觉被刺激，
从而产生了这些消极的感受。一旦找准原因，我们就能更加明
白自己的真实想法，从而更有动力抛开冲突，让一切回归正轨。

我们一起来看一个例子。弗里达最近非常焦虑，因为她父
母留下的遗嘱让她和另外 5 个家庭成员在遗产分配上起了矛盾。
她的父亲很多年前就去世了，母亲又得了老年痴呆。一家人从
此就因为财产继承问题起了冲突，一直争执不休。而这一切问
题最后都落在了弗里达的肩上，因为在众人看来，她应该"负
责任"。这些重担压得她喘不过气来，弗里达生怕自己的处理方
式会进一步激化家人之间的矛盾。在帮助弗里达处理她和弟弟、
弟妹之间的冲突前，我先带着她进行了一次 NESTR 冥想。一
开始，弗里达的受刺激程度超过了 7 快接近 8，她特别紧张、
特别焦虑。但是冥想过后，随着她对自己的情绪和感受的接纳，
她的受刺激程度渐渐降了下来。（通过 NESTR 冥想，你的受刺
激程度应该也会下降。）没多久，弗里达就回到了前排座位，和
弟弟、弟妹商量出了解决方案，带领全家人迈过了这道坎儿。

NESTR 冥想不仅能帮我们应对冲突，还有很多其他好处，比如能帮助我们控制一时的冲动、提升社会意识、更好地领导和管理他人。作为父母，当你的孩子惹到你的时候，如果你能处理好自己的烦躁情绪和身体上的不适，就不会把脾气发到孩子身上。但是，如果你不能控制好自己的情绪、感觉和想法，就会在冲突出现时处于劣势，让你内心的"惊弓之鸟"占据上风。

了解自身的内部资源和外部资源

我们害怕的时候，就会疑神疑鬼、过度警觉，时刻想着要保护自己不受伤害，我们的思路似乎被限制在一个狭小的框框里。正因为如此，我们需要拥有持续的、值得信赖的资源。资源就好比冲浪板，能够助我们乘风破浪。当我们感觉自己快要被浪潮打翻的时候，可以利用它。资源的存在，就是为了助我们回到前排座位，掌握主动权。理想情况下，我们可以同时获得内部资源和外部资源。内部资源可以是你那颗善良的心、你愿意做任何事情的胸怀、能够帮助你渡过难关的思维方式和想法，以及你时时刻刻挺直的脊梁。内部资源甚至可以是你的呼吸——深深吸气又深深呼气，感受胸腔的起伏，就能帮助你迅速平静下来，安抚你内心的"惊弓之鸟"，让你重新回到前排座位。

外部资源可以是你脚下松软的泥土，一张舒适的床，别人善意的帮助、温柔的抚摸，甚至是可以给你拥抱的宠物。总有一些东西对你很特殊，能帮助你消化一时的不快，冷静下来。任何时候，只要你感到迷茫，不知道如何是好，就可以借助这些资源，稳住自己的心神。

找到自己的内部资源

下面的练习，能帮助你找到自己的内部资源。（如果你觉得还需要更多的指导才能安心的话，可以参考书后的"更多资源"。）首先，请闭上眼睛，或者眼睛微微向下看（或者选择其他能帮助你看清自己内心的方式），回忆自己人生中某段艰难的时光。这可能是上个月的事，也可能是二十几年前的事。简单回忆一下当时自己是怎么度过这段艰难时光的。但是不管怎么样，换个角度来看，你已经迈过了这道坎儿，是不是？探寻你最真实的感受：你现在整个人感觉怎么样，渡过了这么一个难关，你有何感觉？用心去感受这种感觉，也许你会感到肩上的重担轻了，胸腔不再沉闷，也许你会感觉后背坚实有力。哪些是你的内部资源呢？是你的心脏、大脑还是呼吸？哪些内部资源帮助你渡过了这个难关？也许是你因小时候遭人欺凌而开始举重练出的一个好体魄。也许是你因从小生活漂泊不定不得已拥有的超越同龄人的聪慧与直觉。也许是你一直给自己打气的那句"我一定能挺过去"。随着对自己的不断剖析，你将更加了解自己，把那些支撑你渡过难关的想法或信念写下来，这些都是你宝贵的内部资源。

找到自己的外部资源

　　下面我们再来看看，究竟有哪些外部资源帮助你熬过了那段艰难的时光。这可能是帮助你的教练、咨询师或者朋友，也可能是你养的宠物、在大自然中的漫步、在花园种花种草的安逸时光，甚至可能是大海的声音。到底是谁，或者什么帮到了你？还记得小时候每次不高兴了，我都会跑出去，爬到一棵近两米高的五针松树顶。每当这个时候，顶端的树枝都会跟着风晃动，就好像在安慰我，好让我高兴起来。对我来说，大自然、微风、那棵树，都是我的外部资源。

　　请把你的内部资源和外部资源都写下来。在压力之下，这些资源可以为你指明方向。如果你绞尽脑汁，也没有找到自己的资源，那么现在就是创造资源的最好时机：找一个关系教练、去大自然里散散步、做做冥想，或者通过呼吸让自己平静下来。

　　就我而言，一个有能力、值得信赖的伙伴是最佳的外部资源。我们可以在困难和坏情绪中相互扶持。世界上没有别的东西能做到这一点。只有一个好的伙伴才能帮我们快速安抚内心的"惊弓之鸟"，找回安全感。当然，有一条忠实的狗也能让人感到暖心，但是这和人的陪伴相比还是不同的。宠物再好，也不能为我们带来安全感，不能满足我们的 4 种关系需求：让我们有安全感，让我们的需求得到关注，让我们的感情得到慰藉，让我们感受到他人的支持和挑战。宠物固然能陪伴我们，却不能真正了解我们的内心，要做到这一点，只有我们身边的人才可以。

做自己的锚

生活之中难免会有冲突让我们避之不及。很多时候，冲突来了，我们身边却没有一个可靠的人；或者我们认为可靠的人却变成了"敌人"。因此，我们自己要学会怎么应对眼前的局势，做自己的锚。[①] 很多时候，我们内心的"惊弓之鸟"就像是一个手足无措的孩子，需要安慰。没关系，请走进自己的内心，去抚慰那个充满恐惧的小男孩（或小女孩），帮他（或她）走出阴霾。想象一下，要是我请你帮忙照看我的孩子，他此时正在哭泣，你会怎么做？陪着他？安慰他？现在的你就要这样对待自己心中的那个孩子。找个安全的地方坐下来，放一些轻音乐，闭上眼睛，把手放到胸口。用力呼吸，用心感受自己心中的那个孩子的伤痛。（参阅书后的"更多资源"，下载"受伤的孩子"冥想引导。）

按下暂停键

很多时候，我们没有办法依靠资源回归正轨，因为那些"威胁"似乎如影随形：你还是要回那个家，开那辆车，做那份工作，和那个人打交道。冲突并没有缓解，因为我们内心的"惊弓之鸟"一直在阻止我们回到前排座位上。一波尚未平息，

[①] 有时，你会听到我用"锚"这个词来描述真正陪伴另一个人的感觉。美国卫生部前医务总监维韦克·默西（Vivek Murthy）在他的《在一起》（Together）一书中也用了这个词。

一波又来侵袭，我们面临着一个又一个的威胁和刺激，只有海浪中的小岛或者一艘救生艇，才能让我们找到一方净土，整理心情，找回自己。

在这种情况下，我们最需要的其实是一点私人空间和距离，也就是我所说的"按下暂停键"。之所以说是"暂停"，是因为我们随时都可以选择"开始"和"继续"。停顿是一种边界，它在告诉他人"我需要停下来歇歇，整理心情"。这对我们来说是一个调整自己、放松身心、远离纷扰、理清问题本质的好机会。在重要关系中，如果双方能够达成一致，在矛盾升级或没有合适的解决方案时，一起"暂停"一下是件非常好的事。

暂停的时候，一定要把注意力放在自己身上，毕竟我们真正可以控制的只有我们自己。当然，暂停可能也会让对方受益，但它首先是满足了我们自己的需求，让自己得到了喘息。举个例子，当事情越来越糟，或当我需要一点空间冷静下来的时候，我需要按下暂停键。我可能会说"我实在受不了了，需要暂停一下""我现在需要按下暂停键，这样我才能集中精力，理智地回来解决问题"。我们需要远离对方，给自己空间，这都是为了让我们更好地关注自己、倾听自己的心声。

当我们提出想要暂停的时候，最好把对方的恐惧也一并讲出来，这么做往往能收获更好的效果。你可以说"我知道我突然要暂停，你肯定会害怕、会难受，不要担心，我不是要离开，我只是需要暂停一下，这样大家都能尽快感觉好一些"。

还有一点需要注意，哪怕我们认为对方需要暂停一下，这个暂停也不是给对方的，而是给我们自己的。[①] 任何时候，暂停都是我们给自己留出的时间和空间，都是为了让我们自己整理心情、摆脱负面情绪。

要记住，在冲突中或者冲突后，我们要做的就是搞清楚自己的想法，以及自己拥有什么资源。这能为后续的工作省下不少时间和精力。要是跳过这关键的一步，我们很有可能会让自己内心的"惊弓之鸟"占上风，一时脑热，做出一些令我们后悔的事情，说出一些令我们懊悔的话。

在人与人的冲突中，我们总是费尽心力地想要往好的方向走，但其实最重要的是要好好与那只内心的"惊弓之鸟"相处。如果你在生活中正因为冲突而困扰，可以试试书中的方法，学习如何自我调节，让自己不再去怨天尤人、自我封闭，或者陷入责备三角。要应对好冲突，我们要学习如何管理自己被刺激后的反应和判断力，并提高自己的情绪不适阈值。学会了怎么和自己大脑中的消极想法和身体上的不适感觉相处，我们自然就能更好地解决外部的困难，处理好人与人之间的关系，找回真正的自己。

---

① 这与大多数传统的育儿模式截然不同，传统的育儿模式鼓励让行为不端或陷入冲突的孩子"暂停"一下，到一边冷静冷静，但往往父母比孩子更需要"暂停"。如果我们改为"按下暂停键"，而不是让孩子"暂停"一下，也许父母会明白：你不能让别人"暂停"，只能让自己"暂停"。

行动步骤

1. 自我反思

　　I. 列出你的内部资源、外部资源，每项至少写出两个。

　　II. 回忆当自己处境艰难的时候在应对冲突方面打得最漂亮的一场胜仗。仔细想想，当时自己之所以能够做得这么好，是因为有哪些内部资源和外部资源的加持。任何时候你感到迷茫了，就想想这段经历。

2. 自我调节

　　I. 下次你感到被刺激的时候，尝试用 NESTR 冥想来提升自己的情绪不适阈值。

　　II. 访问 http://gettingtozerobook.com，下载 NESTR 冥想相关内容并进行练习。

3. 按下暂停键

　　下次在和别人起冲突的时候，试着和对方沟通好，为自己按下暂停键。如何与对方沟通协商？请参考第 15 章的内容。

4. 将学到的内容分享给你的朋友

第 10 章

如何在冲突中与对方的导火线共存？

我珍视自身的自由，但是更在乎你的自由。

——纳尔逊·曼德拉

想象自己坐在一艘正漂泊在汪洋大海之中的小船里。船上的空间不大，只够容下你和你的行李（行李代表着你曾经在感情中受到的伤害和痛苦）。孤身一人漂泊太久，你希望身边能有一个人陪伴自己。于是你决定和另一个人结伴而行，就把你们的小船绑在了一起（如图 10.1 所示）。绑在一起的小船帮你们建立了感情和联系。但是要做到这一点并不容易，经过好一番尝试，你们才知道如何把船绑得更牢固。很快，你们俩都认识到，两个人在一起比自己独自一人时更强大。你们分享资源和想法，并学会了如何就接下来的航行路线以及航行方式进行沟通，然后一起并肩前行。

你经过一段时间的思考和学习，已经基本了解了两艘船绑在一起要如何航行。以前，你做什么事情都不用和别人商量，但是现在你要学会合作，要时不时两个人一起交流探讨。虽然你们还是坐在各自的小船里，掌着自己小船的桨（这代表着你们还是独立的个体），但是你已经选择和这个人绑在一起，相互做伴了。这感觉要比一个人好多了。大概就是出于这个原因，我们才会选择在人生路上结伴同行吧，毕竟，人多力量大，不是吗？三个臭皮匠，顶个诸葛亮，多一个人，就多一分智慧，

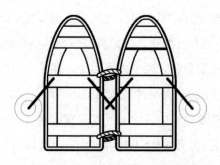

图 10.1　把你们的小船绑在一起

说不定能及时发现那些被我们忽略了的威胁、危险和可能性。

　　船绑在一起，你们相互合作，并肩向前，这感觉很好，但是也很不容易，毕竟每个人的一举一动都不可避免地影响彼此。你再也不能随心所欲了，现在的你要学会体贴别人、为别人着想，不能再那么自私只想自己了。如果对方不高兴了，摇晃他的船，你的船也会跟着晃。如果对方不小心掉进水里，你要及时把他拽上来。如果你的船向一边倾斜太多，对方也会感觉他的小船失去了平衡。如果对方停止划桨，你的前进速度势必也会受到影响。在重要关系中，我们总是会相互影响。要是你不高兴了，对方也会感觉出来的。

　　可惜的是，很多人不明白在人生的海洋中与人结伴航行，需要用心经营。有了问题，你可能会要求对方改变（装腔作势、努力挽回），也可能会把问题藏在自己心里（崩溃自闭、闪躲回避），选择闭口不言，不再说自己的心里话，甚至对对方亦步亦趋。因为你不想破坏现状，而这个时候，总有一方要先妥协。

　　但是，你现在知道了，不管是努力挽回这段关系，还是闪躲回避各种冲突，都会给彼此的关系增加更多压力（冲突蔓延）。你们之间相互埋怨，你们绑在一起的小船也会愈发不稳，似乎随时有可能翻覆。两个人不再是一体了，当再有风暴来袭时，你们就没有办法并肩冲破风浪了。

在那些重要关系中，比如一起组建家庭、一起创业、一起并肩作战的关系，我们会不自觉地让自己适应新的规则，也会努力为对方着想。但是，如果对方烂泥扶不上墙，完全不配合，不作为，不分担贷款，不管孩子，我们肯定会受到影响，不是吗？反过来也是一样。实际上，他们的一举一动都会影响到我们。试想一下，如果在这段关系中，所有的工作都要由我来做，我一个人划船，而你只坐在船上什么也不干，那么不管你再怎么努力，我们的小船也只能原地转圈，就像图 10.2 中的那样，我们永远也没有办法到达目的地；而且长此以往，我肯定会筋疲力尽，充满怨气。

要想建立平等互惠的关系，我们都必须做到一点——双方共同付出。互惠意味着在关系中的各方都要有所作为，一起划桨，才能更快到达我们的目的地。要想开船从 A 点到达 B 点，要一起努力才可以。从我们选择互惠关系的那一刻起，就已经决定了要彼此相互联系，不能断开联系。因为断开联系对我们双方来说都太让人难以接受了，所以一定要努力保持联系，一起将冲突归零。

要想在暴风雨中活下来，一起到达目的地，就不能忘记，人与人之间要相互依存。我们的衣食住行哪一样能离开其他人的帮助呢？并且随着彼此依赖的加深，怎样更好地与他人合作

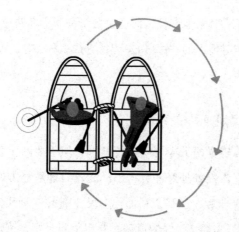

图 10.2　只有一方付出

也成了一项必备的能力。彼此依赖，顾名思义就是关系的双方要相互依存、双向付出。举个例子，在公司里，销售部要依靠市场部提供第一手资讯，而市场部也依靠销售部将产品售出以维持公司的运转，这两个部门就是相互依存的。在重要关系中，人们往往会觉得依赖不是一件好事。但是，没有相互依赖，亲密关系就无从存在，所以有了"相互依赖"这个词。事实证明，相互依赖的亲密关系更加稳定、长久。

应对他人的"惊弓之鸟"的 5 个妙招

下面我们要讲到的 5 个方法，适用于各种重要关系，尤其适用于亲密关系，因为在我看来，亲密伴侣往往是那个最让我们手足无措的人。不管怎样，了解对方是如何经历冲突的都是必要的。只有知道了对方的所思所想，我们才能在他进入"惊弓之鸟"模式时给他安抚，而这也会帮助我们渡过感情的难关。关于如何应对他人的"惊弓之鸟"，有很多种方法，我个人特别推荐下面这 5 个妙招。

妙招 1：满足 4 种关系需求

如果你感觉两个人之间渐行渐远，似乎要断了联系，很可能是因为你没能处理好冲突，也没能及时理解对方的感受，安抚他心中的"惊弓之鸟"。可能你会说："他也没理我，也没安抚我啊！"这其实都是一样的道理，要想重归于好、重建联系，请先回忆一下前文讲到的 4 个关系需求，它们也是我们的情感联结，然后试着回答下面 4 个问题：

◆ 他现在和我在一起有没有安全感？

◆ 他现在是否觉得我理解他、关注他？

◆ 他有没有在我这里得到慰藉？我有没有让他知道，我很想和他一起努力解决我们之间的问题，实现冲突归零？

◆ 他能不能感觉到我对他的支持和挑战？他愿不愿意跟我重归于好？

他就像一个受了伤的孩子，而你是那个唯一可以帮到他的人。如果你想给他这 4 种情感联结，就问问他上面的 4 个问题。如果上述 4 个问题中有任何一个的答案是否定的，你都要下些功夫。通过建立情感联结，对方能深刻感受到你的关心，知道你会一直陪伴着他。你怎么待人，别人就会怎么待你。如果你想要重建联系，首先要满足对方这 4 种关系需求。这样一来，哪怕再经历一次次冲突，对方也还是会有安全感，能感受到你的关注、理解和慰藉，知道你会一直支持他、挑战他，他内心的那只"惊弓之鸟"也能被安抚，他也能回到前排座位上——你们的关系也能实现冲突归零。

我知道，有的时候我们也会迷失，也会觉得自己在感情中和对方断了联系。但是只要我们没有失去联系，只要我们还拥有资源，就一定要让对方感受到我们的关心和理解。如果在冲突中更难过的那个人是我们自己，不妨直接告诉对方我们想要的是他的关心和理解。一旦我们得到了对方的支持，在对方需要的时候也不要忘了回报他们，给他们支持。不管怎么说，在一段感情里，总要有一方先主动这么做。两个人都坐在自己的小船里生闷气，等着对方先迈出第一步，船是不会自动向前的。

妙招 2：对三方负责

从你决定和他人结伴而行的那一刻起，就要对三方负责：自己、对方，以及你们连接在一起的船。从此之后，你考虑事情都要从这三个方面出发，我称之为"对三方负责"，这样才能在任何一段重要关系中取得成功。这三方你都要考虑到、处理好，要做到：

◆ 对自己负责。

◆ 对对方负责。

◆ 对你们的关系负责。

下面，我们逐一来看一下如何对三方负责。

对自己负责

面对压力，我们大多数人都会断开联系，进入自我防御模式。自我保护、自我防御，并不是对自己负责的表现。对自己负责，就是要与自我保持联系，要尊重自己。要记住："我要为自己表明立场，只有我支持自己，一切才更有可能。而且对自己负责，也能促进我们之间的关系。"做好前面章节的练习，才能更好地对自己负责。

对对方负责

我们还要对对方负责。

对对方负责，就是要做他的锚。也就是说，当对方需要的时候，我们不仅要支持他，还要挑战他，让他坦诚地面对自己和自己的生活。我们既是他的拥护者，又是他的后盾，帮助他实现人生的目标和梦想。

大约 20 年前，我和我的妻子开始结伴而行，把我们的小船绑到一起。说实话，一开始的时候我有些迟疑，极力避免把我们的船绑到一起，因为对我来说，"婚姻"的承诺太大，似乎是把枷锁，而我还希望自己能游戏人间，不想被"绑住"。那时候的我还没有准备好接纳另一个人走进我的生命，我只关心自己，害怕投入太多。但是当我做出这个承诺时，我就做好了对妻子、孩子以及好友负责的准备。我也慢慢发现，自己真心希望他们能遵循自己内心的方向，并用实际行动帮助他们。

你和某人的关系越是亲密，当对方对你不满的时候，你越是要在对方身边陪伴他、支持他。这听上去似乎违反直觉，因为你会觉得你们都吵架了，哪管得了这么多，早就忘了你们是绑在一起的两条船上的同伴了。相反，这时候的你们就像是敌人，觉得对方碍手碍脚。他让你这么不高兴，你为什么还要去做他的锚，支持他呢？原因很简单：你们两个紧密相连。当初，是你自己选择了这段关系，把你们的小船紧紧绑到了一起。所以你们要同舟共济，一起解决冲突。毕竟，眼睁睁看着两个曾经那么亲密的人存在罅隙，你们绑在一起的小船越来越晃，是件让人很难受的事。

你越善于应对冲突，你的锚定行为就越能得到对方的认可，你就会在这段关系中建立越多的信任。哪怕很生对方的气，你还是要维持你们之间的关系，这样对方才能明白他在你心中有多重要，也才能明白你是多么在乎这段关系。

如果你不愿意按我说的做，很可能是因为你懂得如何维护自己的利益，或从不把自己的需求放在第一位。这样的你，肯定也不会把别人的需求放在首位。你这么做的原因有很多：可能是因为从小到大都没人照顾你的需求，你总是要优先考虑他人，这样的日子你受够了；也可能是因为你已经习惯了在冲突中崩溃自闭或极力回避，佯装自己什么都不需要。不管原因是什么，现在你都要开始改变，学着以一种对你们双方都好的方式把对方的需求放在首位。

要对对方负责，就必须用行动说话，让对方感觉到你有多在乎他、你把他放在首位。但是，优先考虑别人而不是自己，也不是一件容易的事。比如，我的妻子对我来说是最重要的，她不仅是我的伴侣，更是我的主心骨、我的锚、我最好的朋友、我孩子的母亲……我总是说，我做什么都优先考虑她，但是实际上呢？有时孩子上床睡觉后，我会选择埋头工作，而不是和她交流感情，这显然是没有优先考虑她的表现。如果她因此而提出质疑，我可以为自己辩解，但更好的做法是同意她的说法，尊重她的感受，然后一起商量孩子睡觉后我们两口子可以做些什么。有的人可能会觉得这是被束缚住了，实际上恰恰相反，这给了双方更多的自由。

我们不仅要告诉对方"我会在你身边支持你"，还要用行动来说话，这些都能帮助我们更好地应对冲突，让我们坐到前排座位上，不让"惊弓之鸟"占了上风。试着告诉对方："我真的很在乎你，我想化解我们之间的冲突。为此，我愿意学习。"然后，坚持下去。

对关系负责

对三方负责的最后一点是，对你们的小船负责，即对你们的关系负责。你要给这段关系足够的关注，成为自己感情的强大后盾。我在一期播客节目中采访了"合作之道"的创始人劳埃德·菲克特（Lloyd Fickett），他特别提到了"我们"这个词，并指出一个人在感情中不管选择做什么、往哪儿走，都要从双方的利益出发。不然的话，我们为什么要开始这段关系呢？

你就好比是小船，和他人结伴漂泊在汪洋大海中。这时候，你要照顾的不仅是自己，还有同伴和双方的船。船身可能会破洞，船帆可能会坏，船的引擎可能会出现故障，因此对连接在一起的船负责，就是对彼此的关系负责。因为一旦翻船，你和同伴都会有危险，哪怕你再在意对方和自己，也无济于事。

从我决定和我的妻子共度一生的那一刻起，我就决定接受她的全部，包括她的负担、她的痛苦，以及她的喜怒哀乐。我的妻子也是有意识地选择了我。因为，我们都想在这人生路上和对方做伴，没有彼此的陪伴，我们的生活将会变得多么孤单。既然选择了在一起，我们自然而然会优先考虑对方，考虑我们这艘爱的小船，对三方负责。那些拥有美好关系的人都深知：对你不好的，肯定对我也不好，对彼此的感情也会是一种伤害。

> 那些拥有美好关系的人都深知：对你不好的，肯定对我也不好，对彼此的感情也会是一种伤害。

我必须告诉你，在关系中相互合作扶持，有的时候并不容易。实际上，这比我们自己驾船去自己想去的地方困难得多。合作其实很复杂，我们既要考虑自己，又要考虑对方和彼此的关系。从选择对三方负责的那一刻起，我们就要明白，好的关系也会有冲突，在一段良好的重要关系中，这是个没有办法绕过去的问题。

关系大师皮特·皮尔森（Pete Pearson）也曾受访于我的播客，正是他让我明白了"团队"（TEAM）一词的真正含义：在一起（T，together），我们（E，we）就能实现（A， accomplish)更多(M, more)。好的关系和好的团队一样，时刻把"我们"放在第一位。在好的团队中，每个成员都知道，团队远比个人更重要。超级球星勒布朗·詹姆斯（LeBron James）深知，尽管自己是团队里得分最多的球员，但如果没有球队，自己一个人打得再好也没用。没有哪个篮球运动员可以脱离球队自己取胜，冠军篮球运动员都是在团队中诞生的。全世界最好的四分卫——橄榄球运动员汤姆·布拉迪（Tom Brady）也一样离不开自己的团队，他的球之所以打得好，是因为他用为自己而战的心去为球队而战。这些运动员都明白，为团队比赛在某种程度上可比个人冲锋陷阵难多了。橄榄球和高尔夫球不一样，汤姆·布拉迪在赛场上要应对不同的人，他们都是不确定的因素——在这方面泰格·伍兹（Tiger Woods）就轻松多了。

对三方负责表明你愿意去面对自己的"惊弓之鸟"、对方的"惊弓之鸟"，以及你们驾驶的小船，三者缺一不可。如果一味地支持你而忽略了我自己，整个团队的能力也会跟着下降。反之亦然，如果你总是想着自己，却不去想对方，就会造成一方赢一方输的局面，无法实现双赢。不管忽略了哪一方，总是一方的需求得到了满足，另一方的需求没有得到满足。只有对自己、对对方、对关系都负责，才是真正地对三方负责。

妙招 3：愿意共同进退，一起应对情绪上的波动

我以前的女朋友们经常会情绪激动。这很可能是因为当时的我让她们不安、伤心甚至沮丧。看到她们这样，我是什么反

应呢？我有的时候会象征性地听一会儿她们分享自己的心声，然后找机会赶紧换个话题；有的时候会干脆直接走开。我这么做不仅让她们的情绪无处发泄，也掩藏了我自己的感受和情绪。没过多久，她们都发现自己的烦恼和痛苦在我这里得不到释放和慰藉。我似乎是不能甚至不愿意去应对这些情绪。但是那时的我并没有发现这是我的不对。试想一下：你很伤心，可是我连自己的伤心都从来没有理会过，所以在面对你的情绪时，我不仅难受，还无所适从。但是如果我以前感到过伤心，我就会理解这是一种多么难受的感觉。现在的我已经知道了伤心是一种什么样的感觉，所以在你伤心的时候，就知道该怎么应对你的情绪了。

　　读研的时候，我学到一个技巧，能帮助来访者无所顾忌地感知自己的情绪。要做到这一点，我首先要感知自己的情绪，这样在对方情绪激动的时候，我才能更好地应对。[1] 我的一位启蒙导师曾告诉我："杰森，如果你不能控制自己的怒气，就永远不可能应对别人的怒气。"确实如此。我刚开始工作，接触那些满腔愤怒的青少年时，真不知道该如何是好。每当这些男孩子生气的时候，我只能看着他们，或者告诉他们冷静下来。因为，除了在大学里喝得酩酊大醉的时候，我从没有真正感知过自己生气或者愤怒的情绪。但是在那些时候，我其实是有这些情绪的，只是我与自己断了联系，不知道该如何应对。

---

[1]　如果你想让一段关系加深并继续下去，你就要在情绪上陪伴对方。当你学会面对自己的不安情绪时，你与不安的人相处的能力也会得到加强。

　　如果他人的情绪让你不舒服，与其急着做出反应，不如承认自己的情绪不适阈值非常低，你不知道自己该做些什么。这虽然帮不上什么忙，但至少能让你试着对自己诚实一点儿，做真实的自己。

　　在大多数冲突中，对方的痛苦或多或少都和我们所做的事情有关系。所以不妨想想，对方现在是什么感受，我能做什么让他感觉好一点。我们甚至可以直接问对方："我知道你很烦，我能做些什么帮助你呢？"或者如果我们很了解对方，也可以做一些我们知道的事情去帮助对方摆脱这些情绪。既然我们声称自己在乎对方，就应该了解对方的内心感受，在帮助对方的同时做一个更好的队友，让彼此的心更快地联系在一起。

妙招 4：及时安慰对方

　　如果我们觉得自己有足够的资源，那么接下来我们要做的事情就是，及时安慰我们的队友。但是如果我们不是真心安慰对方，如果我们表现得居高临下，会怎么样呢？要想真正安慰那些我们关心、在乎的人，就要对症下药，真正了解对方的感受和想法，并知道什么能帮到对方。举个例子，如果伴侣害怕被抛弃，那么一定要让对方知道我们会一直在这里，不会离开他（当然，要你真的这么想才可以）。如果商业伙伴害怕你会退出，你就要向对方保证，自己会信守承诺。任何时候如果你发现对方进入了"惊弓之鸟"模式，就把他希望听到的话说给他听，这样就可以让他冷静下来。

　　要想了解一个人以及他的需要，可以让他想一想，他在成长的过程中最希望听到哪些话，曾缺失了哪些安慰。我们也可以试着问问他："你小时候每次伤心、难过的时候，大人怎么安慰你，才能让你感觉自己有人关心、有人支持和有安全感呢？"记住他的回答，下一次当他再陷入这种情绪中，把自己封闭起来或者烦躁不安的时候，就用这些话来安慰他。当事情还没发展到最糟糕的时候，试试这一招，并在实践中不断地练习和改进。互相为对方做这些，找到并记住能让对方安心的话。如果你从小到大都没有人这么安慰过你，让你去安慰别人可能感觉不太适应，那么你可以参考下面的例子，下一次当你感觉身边的人很痛苦或者要与你断开联系的时候，对他说：

"我会陪着你。"

"我会陪着你，我很在乎你。"

"我不会离开你。""我哪里也不会去。"

"我知道你心情不好，我就在这里静静地陪着你，你有什么需要都可以告诉我。"

我们也可以问问自己"我说了这些话之后会做些什么？我要做的和所说的是否会一致？"，我们说这些是认真的吗，还是只是为了尽快摆脱冲突随便说说？我们还需要注意，如果对方一味地依赖你的安慰，等着你去"修复"他们，你们之间的冲突还是不能解决。因为，要做到这一点，需要双方共同去安抚对方内心的"惊弓之鸟"。

妙招 5：勿忘初心

我们选择每一段感情都是有原因的，肯定不是单纯为了找个伴。仔细想想这个原因，想想我们进入这段关系的初心。既然这段感情如此重要，我们会不自觉地为了维护它而战斗。纳尔逊·曼德拉是为了他的人民和所有人民才每天和他的人民一起战斗。哪怕是在最黑暗的日子里，他也没有忘记过自己的初心。当两个人的关系变得紧张的时候，如果我们还能记得这段关系所代表的更崇高的意义，哪怕再难，我们也能咬紧牙关，努力挺过去。

这段关系对你来说到底意味着什么？如果你够诚实，作为一个社会性动物，你会在一段关系中看到联系、友谊、成长、陪伴、爱、接纳、尊重，以及一些只有你自己才能感受到和知道的深层意义。在冲突中，我们都会很容易忘了自己的初心。所以，如果一段关系对你来说真的很重要，你一定要帮助对方，这也是在帮助你自己得到你想要的。

要想得到什么，就要先付出什么。你都不肯付出的东西，又怎么能够奢求别人回报给你？

什么时候不需要应对对方的情绪波动？

难道我们要一直这样对对方负责，随时准备应对他的情绪反应吗？就没有不需要我们去处理这些事情的时候吗？从我们选择开始一段亲密关系的那一刻起, 不管我们愿意还是不愿意, 我们都要学习如何处理这些事情。感情是相互的, 不管是恋人还是朋友, 双方都要做到这一点。亲密的关系就是这样, 需要双方一起付出。但是, 我们也一定要有底线。如果对方真的很过分, 比如虐待我们, 或者违背了彼此之间的共识, 我们完全可以选择不再忍耐, 适时放弃这段关系。

在那些重要的友谊或工作关系中, 我们要明白, 对方的情绪也是这段关系的一部分, 是我们需要面对和处理的, 是不能逃避的。如果对方真的让我们害怕或者伤心了, 我们可以选择暂停一下, 等两个人都冷静下来之后再沟通。千万别忘了, 你们的船是绑在一起的。你真的要只顾自己, 然后逼得对方也这么做吗? 这样下去的话, 你们的航行还能继续吗? 以我的经验来看, 这样的关系是无法长久的。一段关系需要合作、倾听、调整和不断磨合, 这样才能确保这段关系对双方都是有意义的。可能你需要的东西对方不方便给你, 但是如果他知道这个东西对你来说很重要, 他就会竭尽全力去提供给你。同样地, 可能有什么东西是他很需要但你接受不了的, 这个时候你会克服自己的抗拒, 为他去争取。在一段关系中, 如果双方都能学着为对方着想, 哪怕经历一次又一次的冲突, 你们的关系还是会越来越好, 联系也会越来越紧密。

我们还要记住, 应对对方的情绪波动只是有效化解冲突的一个步骤。前路艰辛, 如果你能学会做关系中的那个锚, 就一定可以驾着你们的小船朝远方航行。

行动步骤

1. 你准备好安抚对方内心的"惊弓之鸟"了吗？如果你的回答有些许犹豫，那么在继续学习下一章的内容之前，好好做一下这方面的准备。

2. 对三方负责：你有没有这样做过呢？如果你这么做了，有怎样的效果呢？在这三方（我、你、关系）中，对哪一方你还不够负责？你打算怎么做？

3. 你有没有坚持用适当的方式去满足对方的 4 种关系需求？

4. 了解你最在意的人（成年人）希望得到怎样的安慰，然后试着用这种方式去安慰对方。这么做的时候你有什么感受？请分享出来。

5. 把这些都记录下来，至少选取一部分和你最亲密的人分享。

第 11 章

如何在冲突中和冲突后倾听对方？

　　当我们集中注意力时，所有的批评、攻击、侮辱和判断都会随之消失。

——马歇尔·卢森堡（Marshall Rosenberg）

刚结婚的那段时间，我觉得自己是个还不错的倾听者。毕竟，我刚拿到心理学的硕士学位，是个专业的心理医生，人们都要花钱来雇我听他们讲心里话。但是我也是个普通人，在家里跟妻子一言不合时，也会极力为自己辩白。下面是我和妻子关于她的朋友特蕾莎展开的一段真实的对话：

　　我：（以为自己明白她的问题要怎么解决）你是来找我帮忙的吗？我觉得你应该去问问特蕾莎。

　　她：你根本没有听我在说什么。我根本不是这个意思。

　　我：我当然有听啊，我就在这儿听你说话呢，不是吗？

　　她：（抱着双臂转过身去）你是在这里听我说没错，但我觉得你根本不懂我，你不明白我在想什么。

　　我：我觉得你才是这样呢。我明白你在想什么，也仔细听你说话了。

　　她：（准备放弃和我沟通，闭口不言）好吧，没关系，总有人能理解我的。

　　我：（更着急了）别着急，亲爱的。你再和我说说，我真的能理解。

　　有的时候我妻子心烦意乱，想和我说说话，我就是这样倾听她的。可以想象，这是多么令人痛苦的感觉，我总是在浪费时间为自己辩护，不停地告诉她我真的懂她——但实际上我并不了解她的真实想法。有一天晚上，我们两个大吵了一架，还没有把矛盾解开，她就带着一肚子气一言不发地上床睡觉了，但是我却彻夜未眠。我太生气了，既生她的气，也生我自己的气。我的怒气无处发泄，这让我想要猛捶一顿东西，什么都行。但是最后，我还是选择坐下来，让自己进入冥想状态。我先是想了一堆她的不是，终于让自己冷静下来，我又开始反思自己的问题。我明白，自己肯定也有不对的地方——我进入了一个循环，不停地在为自己辩解。我到底是要辩解什么呢？我到底是要保护什么呢？

　　不擅长处理冲突的人也不擅长合作。

　　最后，我终于明白了，我在保护自己，好让自己有面子。没能力、不能够帮助妻子，这点让我感到羞愧。那么一切很明确了，是我不对。这仿佛是昨日重现，每当父母、教练、老师指出我的不对时，我为了不让自己没面子就不去听他们说了什么，更不会改过来，我只是选择装腔作势来掩饰内心的羞愧。原来，我最不乐意的事情就是在别人跟前掉面子。但是那天晚上，我通过冥想，深深地体会到了自己内心的羞愧，以及这给我带来的启示。不知不觉间，眼泪顺着我的脸庞流了下来。

我终于明白自己做错了什么，也开始找到了一条缓解夫妻关系的出路。其实很简单，我给自己下规定：只有当妻子说我真的理解她的时候，我才真正理解了她。与其自己猜测自己是否理解了她（这并不包括她的经历），不如让她告诉我她是否被理解了。你猜怎么着？这成了我们夫妻关系的一个重大转折点！我们争吵的时间越来越短，因为她不再需要通过争吵来让我理解她了。我也学会了按下自己的好奇心，放下自己的判断、想法或者解决方案，静下心来听她把话说完。

很快，我把自己的经验带到了婚姻咨询中。这帮不少夫妻顺利解决了冲突，让他们和好如初。后来，我把这个方法称作"LUFU"法，LUFU 的完整含义是：我要一直倾听（L，listen）直到（U，until）对方感觉（F，feel）自己真的被理解（U，understood）了。全球已经有无数夫妻和个人学会了这个方法。如果能把这个方法用好，我们重建联系的过程和速度就会得到显著改善。找我咨询的父母也通过这个方法让他们的孩子变得更有安全感了，因为孩子们能感受到父母对自己的重视，他们的家庭关系也越来越和谐了。

通过 LUFU 法，你身边的人能在他们分享或经历的事情上感受到你的理解。当你好好倾听他们的时候，他们内心将逐渐平静，你们之间的冲突将渐渐归零，你们之间的关系又可以回到最美好的时候了。

著名的心灵导师、畅销书作家拜伦·凯蒂（Byron Katie）曾说过："没有人能够完全理解你。"[1] 但是我们还是可以通过努力尽可能地去理解他人。子非鱼，焉知鱼之乐，我们自然没有办法对别人做到完全的感同身受。但是，我们可以去倾听，这样对方就能感受到我们的理解，彼此之间的冲突自然也能跟着归零。

LUFU 法可以扭转所有的关系。你可能会疑惑，真的有这么神奇吗？是的，当人们感到被理解时，就不会再去争吵了，内心的那只"惊弓之鸟"也会放松下来，他们会变得温柔，会觉得自己被看见了，他们的内心也会变得更开阔。LUFU 法会给倾诉的人一种自己被看见、被理解的感觉，这种感觉特别好。从今天开始，每天都练习一下这个方法吧。相信我，你会变成更好的父母、朋友、同事、领导和爱人的。

经验之谈：一般来说，资源充足的一方要主动，先把自己的烦心事放一放，认真听听对方要说什么。这个人很可能是你，因为你正在读这本书。

LUFU 法的 8 个步骤

LUFU 法包含 8 个基本步骤。一旦学会了，这个过程就会变得如行云流水一般自然，仿佛你天生就会用这个方法。我见证了无数学生在学了 LUFU 法后不自觉地把它运用到日常沟通中。很多人告诉我，LUFU 法把他们变成了更好的倾听者，让他们在面对冲突时再也不会手足无措了。我建议你在开始学习这个方法的时候，先试着把它用到一些不是很紧张的生活场景中，因为这时候的你会更加理智一些。随着你对这个方法的运用日益熟练，你可以逐渐用它来应对那些激烈的冲突，不管这个冲突是发生在工作中，还是生活中（和家人或伴侣之间的冲突）。

LUFU 法的 8 个步骤不是固定不变的，所以不一定要按照顺序去做。但是作为初学者，建议最好还是严格按照顺序来执行，直到你对整个过程都非常熟练了再丢掉顺序。但是不管是什么情况，如果想要事半功倍，你都要从第一步——保持好奇心——开始。每当你感觉迷失方向的时候，都可以回到第一步，从头开始。

LUFU 法的 8 个步骤具体如下：

全身心投入

1. 保持好奇心。
2. 反映式倾听。
3. 确认式提问。
4. 积极倾听。
5. 表达共情。
6. 表示认可。
7. 承认自己的错误。
8. 表达自己的想法。

全身心投入

在逐个介绍 LUFU 法的 8 个步骤之前，我们先来简单了解一下 LUFU 法的基础——全身心投入（presence）。很多书都讲到了这个概念，而我对"全身心投入"的定义是：我们每时每刻与自己和他人共处的能力。"完全抽身"和"全身心投入"是两个相反的概念。我们在第 1 章中曾给冲突从 0 到 10 打过分，"0"表示的就是"全身心投入"，而"10"表示的则是"完全抽身"。在一段关系中，我们越是投入，就能越好地倾听对方，因为我们不再仅仅是用我们的头脑和认知去倾听了。在这个过程中，如果我们能够全身心投入，就可以调动自己的所有感官去倾听对方。

全身心投入指的不仅是我们的人，还有我们的心，需要我们去体会自己所有的想法、感受、感觉和认知。这是一个终身课题，我们需要不断练习，才能让自己更好地投入。虽然无数思想流派倡导大家练习全身心投入，可我知道这个概念对你来说也许有些深奥，甚至让你摸不着头脑，但是我猜想，你已经在生活中体验过全身心投入的感觉很多次了。比如在运动、做爱、跳舞、给孩子喂奶、弹奏乐器的时候，我们都进入了一种心流状态，这时候的我们忘却了时间和空间，一心只关注当下。当我们和孩子一起玩耍、一门心思沉浸在项目中、骑山地车、攀岩或在大自然中散步时，我们也会进入这种状态。LUFU 法有一个特别的好处，就是能帮助我们更好地投入。哪怕你不知道怎么做到全身心投入也没关系，通过练习使用 LUFU 法，你就能做到。

我明白，在对方不断指责你，而你也深受刺激的时候，要一直做到全身心投入真的很难。很多时候，我们越听，就越生气。在这种情况下，我们要努力放下自己的情绪，把关注点放在另一个人身上。而通过 LUFU 法，我们就可以强迫自己把注意力集中在对方和他所说的话上。

在陪伴他人的同时，我们也不要忽略自己。当我们全身心投入的时候，我们会去注意对方的语气、气场、方式等。与此同时，我们也能觉察到自己的想法和感受。请注意在与对方建立联系、断开联系、重建联系的过程中，我们的非语言表达传递了什么信息。因为，无论是对方内心的还是我们自己内心的"惊弓之鸟"都特别敏感，极为关注这些非语言细节。

每次在治疗现场进行 LUFU 练习，都有参与者向我反馈，这些刚认识的用 LUFU 法来倾听他们的陌生人，似乎比他们所有亲密的朋友、家人还要用心；尽管这些关系都很美好，却没有给他们这种被人理解的感觉。所以，我们越是全身心投入，我们的关系就会越稳定，我们也越能成为一个好的倾听者。此外，我们在治愈创伤、迎接挑战的时候，也需要全身心投入。[2]

第1步：保持好奇心

我们天生都有好奇心，特别是在小时候。尽管年龄不断增长，我们还是会对自己感兴趣的事物好奇。可是对那些刺激甚至激怒我们的人，保持好奇就不容易了。但是，从你对对方失去好奇心的那一刻起，你们之间的谈话就难以继续了。

不妨放慢节奏，全身心投入，保持好奇心。对对方说的话、对方的说话方式、对方可能保留的话，以及发生在对方身上的故事等，我们都要保持好奇心。跟随我们的好奇心，深入挖掘。但很多时候，我们并不是在倾听，而是在等机会为自己辩解，好跟对方讲道理，告诉对方为什么自己是对的、对方是错的。等话茬＝你已经失去好奇心＝沟通受阻。我们要改掉这个习惯，要知道，在倾听过后，总有机会让我们把自己的想法说出来。因为，在一段良好的重要关系中，双方都有机会讲话，这是公平且合理的。[①] 所以，请保持好奇心，去了解对方的故事。

第 2 步：反映式倾听

反映式倾听（reflective listening）是心理咨询和治疗中的一个常用技巧。我们要做的仅仅是反映或者重复对方所说的话。可以参考下面的句式：

"这听起来像是……"

"我注意到你说……"

"我的理解是……"

举个例子，你的老板说"我很生气，因为你没有按时支付那笔钱"，这时候，你可以说"听起来你对我很生气，因为我没有在到期日前支付那笔钱"。

这话听上去似乎很普通，却很有效果。通过简单的回应，对方就能感觉到你对他说的话感兴趣、你有在认真听他说话。它传达的信息是"我和你在一起，我理解你，你说的话我都听到了"，这样的信息有着意想不到的魔力。当然，一开始的时候

---

① 如果对方真的给了你表达的机会，那么恭喜你，这说明对方是个还不错的人。

也会有人对这种回应很反感，就好像你对他们使用了某种技巧一样。如果对方因此而产生身处心理咨询现场的感觉，你可以先对他们的感受表示认可（参考第 6 步）："我懂你，你有这样的感觉无可厚非。我正在努力学着如何更好地倾听别人，我也想通过这种方式确保自己完全理解了你的想法。"

随着练习次数的增多，你的应对会越来越自然，对方会觉得你越来越懂他们。这能让他们感觉很不错。反过来，如果你和老板的对话变成下面这样：

老板："我很生气，因为你没有按时支付那笔钱。"
员工："就晚了一天而已，你也太大惊小怪了吧。"

你觉得哪种方式比较好呢？

第 3 步：确认式提问

在冲突中，如果双方有共同的理解，那这场解决冲突的战役就胜利了一半。但有时候，两个人吵的根本不是同一件事（我会在第 13 章中详细讲到）。所以，作为一个倾听者，在对方开口或讲述自己的故事时，一定要确保彼此理解一致。问一些确认双方理解是否同步的问题，这个方法虽然很简单，却能帮助我们厘清对方的所说、所想和所感。在沟通的过程中，你可以根据实际情况去问这类问题，问多少次由自己把握。在反映式倾听后及时问这一类问题，就好像在询问对方"我们的理解同步了吗"。

你可以这样问：

"是这样对吗？"

"我理解的对吗？"

"是这个意思吗？"

"我没说错吧？"

下面的例子把反映式倾听和确认式提问（same-page questions）结合在了一起。在确认式提问下都画有横线：

"听起来你对我很生气，因为我没有在到期日前支付那笔钱，是这样吗？"

"你是说因为我不回你信息，所以你很不高兴，我理解的对吗？"

上大学的时候，我要不就是因为宿醉，要不就是因为害怕而不敢请教授解释课堂上听不懂的问题，所以我的学习成绩很差。当然，当时的我也不太在意这些。读研的时候，班里人变少了，我学的也是自己感兴趣的领域，所以每当有什么不明白的地方，我都会进行确认式提问，比如："您是这个意思吗？"或者把我的理解讲一遍后问老师："我说的对吗？"因此，我学到了更多，特别是当我用自己的话来复述我学到的东西时。我发现，当学习新知识的时候，如果我可以用自己的话进行总结和表述，就能更好地理解这些内容。然后，我会把自己的总结告诉我的导师或老师，并问他们"我说的对吗?"，这就是积极参与的学生学习的方式。我们在人际关系中，也要做到积极参与，特别是当出现冲突的时候。

第4步：积极倾听

我对积极倾听（active listening）的定义和一般人对这个概念的理解有所不同。我认为，积极倾听需要我们在合适的时候，打断对方一下，以确保自己能更好地理解对方所说的话。你没有听错，我认为可以像按下暂停键一样适时打断对方的话。为什么呢？因为这样能帮助我们更好地倾听，也能让对方知道，我们真的在听他说话，也真的理解他。

如果对方一直说个不停，从一件事讲到另一件事，或者如果对方讲着讲着就变成冲你撒气，那么你应该打断他，这样你才能继续维持全身心投入的状态。也就是说，你打断对方不是为了插话，也不是为了给自己辩白，而是为了维持全身心投入的状态。

当一个人自顾自讲了好几分钟的时候，大多数听众都会听不下去，开始想别的。这种时候，我们就成了"被绑架的听众"，丧失了倾听者应该发挥的作用 。①

作为倾听者，我们有责任不让对方"绑架"自己。我不知道你的情况如何，反正要是我，在冲突中绝不想对方只当一个听众，我更希望两个人可以相互沟通。反过来，我也不想只当

---

① 我非常喜欢"被绑架的听众"这个说法，这是我2008年参加工作坊时从我的朋友德克尔·库诺夫（Decker Cunov）那儿学来的。

听众。毕竟，这可不是 TED 演讲。因此，我们必须做一些让对方不舒服的事情以把我们作为倾听者的作用发挥出来，我们必须打断对方。

对于有的人来说，要去打断别人说话很难。因为他们从小接受的教育就是，别人说话时要保持安静，这才是个好孩子。而且整个社会都公认这么做才礼貌。与普遍的看法相反，我认为安静和礼貌与成为一个好的倾听者完全没有关系。如果有人和我聊了好几分钟，我一直说不上话，而他也没有要停下来的意思，那我就不打算再听下去了。不知道你是不是也和我一样。我可受不了一直和一个独白者在一起。①

如果你总是很被动，安安静静、面带微笑地坐在一边不说话，那么对方就会不停地说，并以为你在认真听他们的每一句话，你也明白他们的意思。你是否有过这样的经历：在一个大型家庭聚会上，有个叔叔和麦霸一样，整个晚餐期间都在喋喋不休，半天都只有他一个人在说话，其他人都保持沉默，免得"显得无理"；或者你和朋友约在星巴克见面，可是他一直说个不停，一个问题也没有问过你。如果你有过类似的经历，不要怪他们。作为倾听者，你是有责任打破这种局面的。你有责任理解他们，而不是呆坐在那儿，让对方决定你要不要听。这两者之间有着很大的区别。积极倾听，是需要我们积极参与的。可以参考下面的话，试着打断对方：

① 独白者指喜欢自顾自说话或在对话中无法投入的人。想想看，当一个人一直喋喋不休地对你说话时，你们之间是不会有真正的联结和情感交流的，一切只是对方的一厢情愿而已，对方也没有能力发现你是否已经神游。

"不好意思，我先打断一下，我想确定我是不是搞明白了。"

"等一下。我需要打断你一下，以便我能跟上你。让我确认一下，到目前为止我是不是都听懂了。"

"等等，不好意思，我需要打断你一下，好搞明白你刚才说的是 X（回顾之前他说的内容）还是 Y。"

然后再进行确认式提问：

"我这么理解对吗？"

"我说对了吗？"

"我明白你的意思了吗？"

你也可以说"好的，请继续说吧，谢谢。我只是想搞清楚，到目前为止我理解的对不对"。要做到积极倾听，就要在自己不清楚的时候打断对方，及时问清楚。你也可以用反映式倾听的方法，简单概括一下对方刚说过的话。

如果对方问你为什么要打断他，你可以告诉对方，自己的注意力有限，一时消化不了这么多信息，暂停一下能帮助你更投入，更好地理解他们说的话。然后用确认式提问的技巧去确定彼此讨论的是同一件事，以此表达你的重视，让对方知道，你是真的想要去了解他们。

试想一下，如果是你在说话，你是希望听你说话的人一直安静又有礼貌，但是却在走神，完全不知道你在说什么，还是希望他时不时地打断你一下，一直跟着你的思路走？相信你会和我做出一样的选择。这么说来，很多心理医生和咨询师都没有尽到责任，他们拿着顾客的钱，让顾客滔滔不绝地讲，自己只时不时地点点头，好像听得很认真一样——这样的心理咨询自然不会有效果。

注意：如果打断对方是为了和对方争辩或是表示反对，就不是积极倾听——这是辩解和争论。我所说的积极倾听，需要我们掌握主导权，全身心投入和参与进去，带着好奇心去了解对方的想法。

第 5 步：表达共情

共情，也称同理心，是设身处地体验他人处境，从而感受他人情绪的能力。作为关系教练，我擅长积极倾听，我也是一个有同理心的人。从小时候起，他人的苦难就会令我心忧。但是当我面对婚姻中的冲突时，有时我却是最没有同理心的人。其实，最开始的 LUFU 法里根本没有"表达共情"这一项，直到最近，表达共情似乎成了我的一部分，我才意识到要把它加进去。[①]

说句实话，在我最重要的关系——婚姻之中，表达共情是我最难做到的（希望你也能找到自己做得最不好的地方，然后努力把它做好）。当我的妻子为一些复杂的事情发愁的时候，她最需要的就是我对她的共情。比如，如果她因为生活中某件大事而感到难过，肯定希望我能站在她的角度，理解她，并感受她有多伤心。但是我却很少会选择坐下来陪着他，去感受她的

①　跟之前一样，是我妻子帮了我，让我意识到自己的问题，渐渐成为一个更有同理心的人。

悲伤，而是直接忽略它，帮她寻找消除悲伤的方法。然而，她想要的不是这些，而是我的理解，所以这时候我最该做的是，设身处地站在她的角度，体会她的感受。这时候，我应该和她说"真是太让人难受了""听你这么说，我也难受了"。

如果你很难感受到自己的情绪，那么要做到与他人共情对你来说是最难的一步。毕竟，你连自己的情绪都感受不到，又怎么能理解和感受他人的情绪呢？[①] 完成表 11.1 的第 7 行，你就能在冲突中表达你的共情了。还记得在冲突表中，我们跳过了第 7 行，直接在第 8 行和第 9 行进行填写吧，现在让我们一起来填一下空出的第 7 行。

表 11.1　在冲突中表达共情

和我起冲突的人：
他做了什么：
想到他时我的感受：
这种感受的分值（0—10）：
冲突持续的时间：
冲突没能化解，我的问题在于：
在我看来，这可能 / 已经给他带来的影响是：
要是我把自己的想法告诉他，最害怕他的什么反应（怕他做什么或者不做什么）：
要是担心的事情真的发生了，我会有什么感受：

---

① 少部分读者可能患有亚斯伯格症、自闭症或有自恋倾向，因而非常难与他人共情，我鼓励这些读者在这方面寻求资源以获得进一步的帮助。但大多数人通过一段时间的培养都能有共情能力。

你也可以试着把下面这句话补充完整：

在冲突中，我的错误在于：_____（行为 / 做了什么 /
有什么该做而没做到），在我看来，这可能 / 已经给他带来的影
响是：_____。

还有一点需要注意，在使用 LUFU 法的时候，我们不用等
到第 5 步再开始与他人共情，实际上，从一开始，我们就要表
达共情。有的时候，我们甚至可以跳过前面的 4 个步骤，直接
像下面这样表达共情：

"我的天啊，我了解你有多难过，快和我讲讲。"
"天啊，你这么生气啊，我肯定是搞砸了。这一定让你想到
了一些我之前做的错事。"
"呀，我知道你很难受，肯定是有什么不好的事发生了。到
底是怎么了？"

像这一类表达共情的话语，能够直接让对方的受刺激程度
从 8 降到 3，见效特别快。一定要用心去想象自己的行为会给
他人带来什么样的影响。

第 6 步：表示认可

设身处地站在对方的角度，让我们可以从他们的视角来审
视这个世界。这能帮助我们了解对方，进而认可对方。表示认

可（validation）是非常重要的一个步骤，我经过几年的练习才学会，因为以前的我总是认为自己是对的，等不及要把自己的想法说出来。表示认可，能让对方更加感受到我们的关注和理解。通过对对方的感受表示认可，能让对方知道，他们并没有那么疯狂，也并不那么孤单，而且有人一直关心着。通常情况下，我们表示认可的同时，也能化解对方所有的防备和芥蒂。

特别注意：表示认可并不是说他们是对的而你是错的。这和对错毫无关系。这只是说明，站在他们的角度来看，他们的感受是正确的。如果你一直纠结于谁对谁错，那么你就完全搞错了重点，就会一直陷在冲突的死循环中出不来。表示认可，离不开三个字，它们有着强大的魔力：

"有、道、理。"

说出这三个字，你会惊异地发现，对方居然瞬间就放松了下来。但是，你还要注意一点：必须是你真的觉得有道理才可以。如果我觉得根本没有物化女性或厌女症这么一回事，就肯定不能理解一名女性觉得自己被物化的经历和感受。如果我不了解你的政治信仰从何而来，就肯定很难认同它。

但是，这个和你对话的人，肯定是你了解的人，你知道他的过去、他的顾虑、他的痛苦和他的价值观，综合这些，他有那样的感受，你是不是就可以理解了？举个例子，当我和妻子起冲突的时候，我有时候会提高嗓门。实际上我并不觉得自己在嚷嚷，但是一味地跟她辩解我没有嚷嚷并不能解决我们之间的问题。而且我也知道，当情况变得比较紧张的时候，我通常会变得暴躁易怒、说话尖锐，声音也会不自觉地跟着提高，尽

管我认为这几乎不怎么能让人察觉出来。但是，无论我的语气
变化多么细微，还是会影响到她。所以，我会对她的感受表示
认可，并和她说："我明白了，我让你害怕或者不高兴了。确实，
我刚刚嗓门有点大。我就是工作压力太大了，没注意到自己声
音这么大。"可以参考下面的例子：

"亲爱的，你生气是有道理的，都怪我没回你信息，我知道
你讨厌我这样。"

"我明白你说的了，我懂。我也讨厌别人不及时回复我信息。
你生我的气，我能理解。我不怪你，因为你生气是有道理的。"

当感到有人努力去认可我们的感受时，我们的心情也能好
一点。我们会感受到别人的关注和理解，我们会更有安全感，
而这些是我们的两个核心关系需求，能帮助我们重建联系。

第 7 步：承认自己的错误

我们要想成为关系领导者，就要勇于承认自己的错误。那
些让内心的"惊弓之鸟"占了上风的人，只会一味地去埋怨对
方，但是如果我们能主动承认是自己的某些做法让对方不高兴
了，同时告诉对方"我确实这样做了"，就能快速让对方冷静下
来，冲突也能跟着解决。在上一步，我分享了生活中和妻子的
例子：我让她知道我认可她的情绪，她生气是有道理的，也承
认是自己做的事情惹到她了。毕竟，我确实声音大、语气重了。
所以在冲突中，如果我们不停地指责对方做了什么，或者有什

么该做而没做到，却不肯承认自己的问题，再好的倾听技巧也于事无补。

在使用 LUFU 法的过程中，我们随时可以承认自己的错误，只要不借着这个机会抢过话头，开始为自己辩解就可以。我们不要解释，不要找借口，也不要试图合理化自己的行为。只要承认自己错误的地方，然后听对方说就可以了。一般情况下，我们用两三句话就可以表达自己的态度："我得承认没回信息是我不对，真的。我知道你要等到我的回复才会进行下一步，这是我的错，你生气是有道理的。你觉得我还有什么不对的地方吗？"

记住，最要紧的是，我们要用心听对方说话。现在可不是告诉他"昨天你也这么对我了！"的时候，当务之急是处理对方的抱怨和坏情绪，而不是我们自己的，等轮到我们的时候，再去表达自己的想法。成熟点，好好地听对方说话吧！

第 8 步：表达自己的想法

最后，你们需要互换位置，换你来说，对方来听了。在轮到你讲话或庆祝你们的冲突归零之前，先要确定一下对方的状态：你真的理解对方的感受了吗？对方有没有感受到你的理解呢？记住，这个问题需要对方来解答，而不是你自己。所以，不妨先问对方两个问题：

"你还有别的要说的吗？我有没有遗漏什么？关于你和你的感受，你还别的想让我了解的吗？在我表达我的感受之前，你还有什么想说的？"

"现在，你觉得自己被理解了吗？"

如果对方回答"没有"怎么办呢？如果真是这样的话，不外乎是下面两种情况：一是他们真的觉得你没有理解他们的感受，这时候，你需要继续通过 LUFU 法去倾听对方，直到对方觉得自己被理解了；二是对方已经压抑了太久。好不容易发现你用心在听，他们所有的怨气也跟着一股脑儿涌了出来。如果是这种情况，可以试着和对方商量，先解决眼前的矛盾，其他浮现出来的问题另外再约个时间好好谈谈。①

这种时候，对方一般都会通情达理，因为他们看到了你的努力和付出，并心怀感激。毕竟，你们都想要更好地理解彼此。这时，对方应该会更投入地去倾听你，他们的受刺激程度也趋近于 0。是的，很快就轮到你把自己的真实想法讲出来了。

这时候的你，可能还没有完全平静下来。但是你会发现，当你认真倾听别人的时候，你会更投入，受刺激程度也会跟着下降。不管怎么样，你都希望有人能倾听自己的心声，不是吗？关于这方面的内容，我将会在下一章详细讨论。

---

① 如果这么多年来你一直在逃避冲突，你可能有一连串未解决的冲突需要处理。如果是这样的话，请列一个冲突清单，一个一个地解决，这样你就可以体验冲突归零是什么感觉了。

承诺做个更好的倾听者

祝贺你，现在的你已经知道如何通过 LUFU 法更好地倾听自己的伴侣、家人和朋友了。

相信你一定希望自己身边的人知道，自己在努力学习如何成为一个更好的倾听者。建议你提前告诉你的朋友们，免得到时候他们被吓到。就像我之前讲到的，不要等到起了冲突才想到 LUFU 法，而要在日常生活中勤加练习。这样，你才可以成为一个专注的倾听者，才可以自由控制倾听的过程，你唯一的目的就是理解对方。如果你不小心又走回了老路，被动地倾听或者急着为自己辩解，一定要及时提醒自己，并承认自己的错误，告诉对方"真不好意思，我不该光顾着为自己辩解，应该好好听你说话"。

就像举重一样，要想更好地倾听，就要不断地练习。练习得越多，你就越能在今后的生活中发自内心地倾听别人说话。如果你不愿意为之努力，你就是在向自己和对方传达这样的信息：我更愿意用责备、道歉、转移注意力、回避、断开联系、浪费时间、大吵大闹的方式来阻碍沟通，希望和祈祷一切会奇迹般地变好。（之后我会详细讲述更多相关内容。）

根据经验，只有对方觉得自己被理解了，你才真的理解了他们。如果你真觉得自己深陷其中，不知所措，不妨找个局外人来帮助你们互相理解彼此。相信现在你已经准备好分享你的故事了吧。你也想被理解，是吗？下一章，我们一起来看看，要怎么说才能让对方更好地理解你。

行动步骤

1. 在接下来的 24 个小时里，做个小游戏，试着去认可别人（比如跟他人说"有道理啊"之类的话），看看会有什么神奇的效果。

2. 在 LUFU 法的 8 个步骤中，哪一个对你来说是有难度的（对我来说是"表达共情"）？针对自己的弱点，你要怎么去克服呢？你打算什么时候开始去克服它呢？把具体的实践计划写下来，并分享给你的互助伙伴。

3. 试着用 LUFU 法去倾听陌生人。下一次，在排队、坐飞机、等公交或者挤地铁的时候，用 LUFU 法和一个陌生人聊聊，看看会发生什么。

4. 准备好实践完整的 LUFU 法了吗？从生活中选择一段关系，开始使用 LUFU 法吧！如果对方没有读过这本书，不要期待他们也能用同样的方法去倾听你，毕竟，他们没有学过 LUFU 法。现在你要做的是，承诺成为一个好的倾听者，并不断地练习使用 LUFU 法。可以先告诉对方你想要练习一下这个方法，以成为更好的倾听者，并让他们告诉你，你做得怎么样。提醒对方一定要如实地给你反馈（更多例子详见书后的"更多资源"）。

第 12 章

如何在冲突中和冲突后表达自己？

如果你逃避挑战，那么挑战并不来自外部世界，而是来自你对外部世界的认识，它会一直跟随着你。挑战从未消失，只不过是换了一种形式。

——约翰·德马蒂尼博士

现在你已经学会了如何在冲突中更好地倾听，我们再来一起看看，如何在冲突中更好地表达吧。这可能和倾听一样难，甚至比倾听更难。到底有多难？每个人的性格和经验不同，在冲突中表达的难度也不一样。但是有一点可以肯定，越早学会如何在冲突中有效地表达，越能早点将冲突归零，因为接下来轮到你把自己的心里话讲出来了。

让我们先从学习如何更好地沟通入手。好的沟通包含两个部分：有效倾听和有效表达。作为说话的人，要想在紧张的氛围中有效地传达信息，就要知道什么可做、什么不可做。本章的内容分为两个部分：说话之前要提醒自己的 13 件事，以及说话时要做到的 8 个步骤（SHORE 法）。

首先，一定要先把前面学到的方法运用到生活中去，这样一来，你的沟通能力就能跟着提升，别人也能更加懂你。这就要求你熟悉自己的情感经历、内心冲突、内心的"惊弓之鸟"，并练习过倾听的技巧。同时，要想更好地沟通，你还要了解人类行为的基本知识，以及对方重视和在意什么。只有这样，你才能更好地与之相容和联系，做到在自己说话的时候考虑对方的感受。即使说话不那么有条理、听起来有点以自我为中心，甚至没有重点，也不要苛责自己，毕竟我们的目标不是追求完美。你越能好好地表达自己，就越容易弥补之前犯下的错误。

说话之前要提醒自己的 13 件事

提醒 1：处在"惊弓之鸟"模式的时候，说的话效果甚微

不用说，如果你的受刺激程度达到 5 以上，那肯定是你内心的"惊弓之鸟"占了上风，你"坐在"大脑的后排座位，你很可能会说傻话、做傻事。不仅如此，尽管这时候的你声称自己知道谁对谁错，但是很多研究证明，在这个状态下的人记忆都是不完整的，更别说作为参考了。[1]

提醒 2：设定语境以减少冲突

语境构成了你们的关系，以及每一次对话的内容。没有语境，你很可能会跟着情绪走，想到哪儿就说到哪儿。但是，要想将冲突归零，就要提前设定好想谈的话题，同时也要想清楚，通过这些谈话你想要达到什么样的结果。举个例子，你可以一上来就先说："在忙吗？我希望咱们能花半个小时的时间一起来解决一下咱们之前的矛盾，这样我们就不会都这么难受了。你觉得怎么样？"这样谈话就有了重点，也能帮助对方搞明白你想要做什么。

语境构成了我们的所有对话，对有冲突的对话至关重要。

举个例子，假设你和一个朋友两天前大吵了一架，到现在你们之间的冲突还没有处理。你们两个约好去喝咖啡。你知道你的朋友最爱回避冲突，绝对不会主动提起之前的冲突。而你只有1个小时的时间，然后就要回去继续上班，除去来回路上开车和停车的时间，满打满算两个人也只能一起坐45分钟。尽管时间紧张，你也很紧张，但是之前的冲突让你情绪低迷，睡不好觉，你特别想和朋友把问题说开。

坐在咖啡馆里，你可以用刚才例子中那两句简单的话为你们的沟通设定语境，比如可以这样和对方说"哥们儿，我就只有45分钟的时间，到12点45我必须回单位。我想利用这点时间和你谈谈咱们那天吵架的事"。

对方很可能会说"额，好的"。

这时候，你最好也贴心地问一句，"我们在一起的这段时间里，你有什么想要或者需要做的事情呢？"这个问题也能让对方思考一下自己是不是也有事情要去处理。通过设定语境，我们可以谈论自己想说的话题，两个人也不用尴尬地坐在一起，在心里相互埋怨。通过设定语境，我们能限定谈话的主题，后续的沟通就能更加顺畅，我们自然更有可能取得想要的结果。

提醒 3：与对方调频

我们听广播的时候，需要来回调频，直到接收到清楚的信号。同样地，当我们和另一个人相处的时候，也需要不断调整自己的声音、状态、与对方位置的远近、眼神交流的频率等。这个过程叫作"调频"（attunement）。经过调频的沟通会更加顺畅，因为双方都把注意力放在对方身上。

当我们调频的时候，也是在揣摩对方的想法和感受，以及对方可能做出的回应，以做到和对方同步。对方有没有全身心投入？对方有没有在听？对方是不是感兴趣？对方的注意力是不是全在这儿？我们过一会儿再说是不是更好？我们准备好了吗？我们感觉怎么样？如果我们不在说话前调频，就可能会引发更多的冲突。

调频就像是在玩传球接球游戏，通过来回扔球，我们开始能感受到某种节奏。好的交流就像是来回传球，没有人会抱着球不撒手。但是，当我们不小心扔错了方向，或是没接住让球掉到了地上，两个人的联系就会断了。这个时候不要着急，没什么大不了的，把球捡起来，再试一次。

做爱是另一个探索调频的游戏。做爱的时候，我们真的能接收到彼此的信号、语言和身体吗？我们与对方是同步的，还是总差那么一点，导致彼此更加疏远，情绪也跟着受挫，从而感到羞耻和受伤？

在人际关系中，调频是一种天性，我们会本能去注意对方是不是不高兴、需不需要帮助。但是，如果你小的时候没有人与你充分调频过，你自然也不知道要怎么与他人调频。可能你从小的家庭氛围就是这样，所有的"坏"情绪都被自己藏起来，因为这会带来麻烦，所以一直以来，你习惯了自己去面对这些。也可能你成长在这样一个家庭里：每个人都在讲话，但没有人在用心听别人说话。现在，需要你仔细回忆一下自己过去的生活，想一想有没有大人与你调频过，去关注你的需求和界限。不会在沟通中与他人调频的人，大都是因为自己从小就没有接受过这样的待遇，没有人关注自己，自然也就不懂关注他人和有人关注是多么有意义的事情。

好在，通过学习和练习在沟通中如何更投入，自己这种与生俱来的能力也能随之被唤醒，你会变得善于与他人调频，这意味着当你开始或结束一场对话时，你会注意到一些其他影响你们沟通的要素，比如长篇大论、非语言沟通以及眼神交流。[①]

提醒 4：避免长篇大论

与对方调完频之后，我们要回顾一下自己的沟通方式。小时候，每次我有什么麻烦，我的爸爸妈妈就会让我看着他们的眼睛，长篇大论地教训我。有的时候，我的爸爸甚至会用手指戳我的胸口，人高马大的他低头看我的眼神带着怒气，让我不寒而栗。这听上去是不是很恐怖？但是我想到了一个办法，我会盯着他的鼻子看，让他以为我是在看着他的眼睛听他说话。但实际上，我的心神根本没在那儿，他说了什么我也都没听进去，我躲在大脑后排座位上，陷入了神游之中。

当一个人受到刺激之后，大脑对语言的处理速度也会跟着下降。也就是说，在我们进入"惊弓之鸟"模式的时候，我们的前脑会进入休眠状态。这个时候，我们的理性思考能力、细节记忆能力、听说能力都会受到影响。

---

① 如果你无法与人调频，或身边有无法与人调频的人，可以考虑接受亚斯伯格症或神经疾病的评估，因为可能存在一些潜在的生理状况影响了你的调频能力。

也正因为如此，当我们从大脑前排座位进入后排座位的时候，会努力想着为自己辩解，以为这才是正确的做法，却无法与对方调频。很快，我们就会开始长篇大论地讲自己的故事，对方也成了"被绑架的听众"。虽然我们像演讲一般高谈阔论，但是此时大部分人都听不进去，更记不住我们说了什么。

因此，请尽量放慢你的语速，同时做到言简意赅，给对方足够的时间去理解你所说的话。每次说话最多不要超过 2 分钟，自顾自说到 5 分钟以上的时候，大部分人都已经开始走神、左耳进右耳出或者想别的了——总之就是不想再听了。

提醒 5：注意自己的非语言表达

很多研究发现，在日常沟通中，非语言沟通占到了 70%—93%。特别是在气氛紧张的时候，我们的非语言沟通，会给对方带来很大的影响——从说话的语气（没错，语气也属于非语言沟通）到翻白眼、怒视、抱着胳膊或在重要谈话时看手机等，都是。就像在 LUFU 法中一样，不管是在建立联系、断开联系还是重建联系的过程中，都要注意非语言信息。所有人心里的"惊弓之鸟"都对这些细节极为敏感。让我们来看看下面的这些会触发你的"惊弓之鸟"模式的非语言行为：

◆ 翻白眼。

◆ 看向别处。

◆ 摔门。

◆ 语气变化。

◆ 轻蔑的手势。

◆ 抱着胳膊。

◆ 皱眉。

◆ 不怀好意地上下打量。

◆ 转过身去。

◆ 什么也不说就结束对话。

◆ 不回信息。

◆ 朝你逼近。

◆ 远离你。

◆ 沉默不言。

在我们想要断开联系以全身而退的时候，这些非语言行为会让我们距离零冲突状态越来越远。语气和面部表情不仅能迅速激化矛盾，也能迅速缓和矛盾。试着在谈话的过程中让自己放松下来，用平和的语气去沟通。

提醒 6：建立或保持眼神交流

在起冲突的时候，大部分人都会避开对方的目光，因为对视会让我们感到害怕、难受或者恼火。但是，如何读懂另一半的表情方面的专家斯坦·塔特金发现，当夫妻双方产生争执的时候，如果两个人能够保持眼神交流，可以更快地化解冲突，而且两个人之间的误会也会更少，更不容易去揭对方的短或者抓着对方过去的事情不放。[2] 换句话说，在冲突中，如果我们不去看对方的眼睛，就更有可能去回想与对方相处过程中不快乐的经历，而不是把注意力放在当下在我们面前的这个人身上。

对我来说，虽然在冲突的当下与妻子保持眼神交流不是件容易的事情，但是每次看到妻子的眼睛，都能让我冷静下来。塔特金建议，两个人交流的时候一定要看着对方的眼睛。我们开车或者躺在床上看天花板的时候从来不会吵架，但是当两个人近在咫尺却不看对方的时候就很容易产生威胁反应。因为这时候的我们无法通过对方的面部表情来获取信息，这会更频繁地刺激杏仁核。所以，请记住这个原则：一定要与对方保持眼神交流，并注意它是如何缓和我们的情绪的。看着对方的眼睛，我们就很难一直生气。但是，这对那些青春期的孩子和他们的父母来说并不适用。与青少年激烈的眼神交流过多反而会加剧他们的焦虑。所以，了解你的谈话对象非常重要。

提醒 7：再靠近一点点

要不要这么做，取决于你们之间的关系是商业关系还是亲密关系。如果你们处在同一个物理空间，你却远离对方，对方就会觉得没有安全感。当然，距离太近了有时候也会让人有压迫感，但是靠近对方也是在向对方发射信号，告诉对方你想要重建联系，不管怎么说，这比远离对方让人感觉好一点。根据我的经验，两个人争吵过后，如果可以靠近对方，温柔地凝视对方，用柔和的语气表示自己的善意，对方就能明白你对他们的关心以及你希望解决你们之间的问题的态度。

如果你在面临冲突的时候采取的策略不是闪躲回避，而是努力挽回和装腔作势，那就强迫自己给对方更多的空间。与其不停地给对方发信息或者要求对方跟你说话，不如给对方留一个小时的时间，让对方在没有干扰的情况下放松。同时，你也可以做个 NESTR 冥想，跟自己的内在体验好好相处。

提醒 8：试试肢体接触

尽管在冲突中，有的人很害怕肢体接触，但是肢体接触能帮助我们冷静下来。前提是，你要知道什么样的肢体接触能让你和对方都感觉舒服和放松。比如，把手轻轻地放在对方的肩膀或者腿上可以快速让对方放松下来。可以多尝试一下不同的肢体接触方式，看看什么样的接触对你来说更有效果。如果我们感觉受到威胁，通常我们会不喜欢对方的肢体接触，但是带着感情的肢体接触有时可能会很快帮助我们化解冲突。

亲密关系中的两个人可以站着抱抱对方，保持 5 个深呼吸，哪怕没有语言交流，也能让双方放松下来。（可以注意一下这时候你的受刺激程度是变大了还是变小了。）呼吸的时候可以试着让你们的肚皮贴到一起，保持同一个节奏。这种方法能迅速安抚好我们心中的"惊弓之鸟"。回想一下，当面对一只因对你很陌生而害怕你的狗狗时，你是怎么让它平静下来的呢。你是不是先给它足够的空间，然后再走近它，轻柔地对它说话，温柔地抚摸它？

提醒 9：对事不对人

大多数人都对批评特别敏感。不愿被人批评是我们的天性，特别是在有压力的时候，我们更是经不起他人的批评。所以，我们说话时一定要注意自己的语言。深处压力之下，有的人会把某些行为和个人混为一谈，但我们不应忘记，这两者有很大的区别。

在成年人的关系中，一旦发生冲突，我们往往会头脑一热，孤注一掷，誓要争个孰对孰错。在有压力的时候，我们内心的"惊弓之鸟"喜欢做简单的选择，如果是二选一的选择题，就简单多了。"我是对的，你是错的"很容易被曲解成"你做的事不对，所以是个坏人"。我们一定要对事不对人。比较下面的例子，看看两者之间的区别：

"你是个混蛋。"VS"你做的都是混蛋事。"
"你很没礼貌。"VS"你这种做法很粗鲁。"

如果把最后一句话换成"我不喜欢你的这种做法，这样很粗鲁"，效果可能更好。

下面这句话使用了"分享影响法"（将在第 242 页详细讲述），你也可以练习这么说：

当你＿＿＿＿＿＿（行为），我感觉＿＿＿＿＿＿（感受），这会让我＿＿＿＿＿＿（分享你的行为给我带来的影响）。

我们再来看一下具体的例子：

"当你有某些行为时，像是说话声音很大，我会感到很害怕

（感受），这会让我忍不住往后躲，想要避开你（影响）。"

"我爱你，也爱你的为人，但是你这么做的时候，我会感到难受。"

在冲突的过程中，一定要坚持就事论事，这样做会显得你细心又体贴。这是负责任的做法，并且这样做，你们的关系才能长久。

提醒 10：记住对方的价值观，以及什么对他们来说最重要

当我们害怕的时候，很容易以自我为中心，满脑子想的都是我们自己。记住对方在乎什么，更有可能让我们与对方重建联系。了解他们的价值观，知道什么对他们来说最重要，能加速双方矛盾的化解。当双方价值观不同的时候，应该怎么处理，可以参考后文要讲的 SHORE 法和第 16 章的内容。

提醒 11：负责任，尊重他人

我们沟通的方式非常重要。越是能够负起自己的责任，越是尊重对方，沟通的过程就会越顺利。不尊重只会带来关系的瓦解。如果你真的想要将冲突归零，请负起你的责任，并尊重对方。使用以"我"字开头的句式，为自己做了的和该做而没做到的事情负起责任。感到非常生气？不妨先为自己设一个界限，或按下暂停键让自己休息一下，好让自己冷静下来，回到前排座位，然后再和对方沟通。

提醒 12：不说话会付出代价

有的人在冲突中，会选择沉默不语，生怕自己把想法说出来后会把事情搞得更糟。我们似乎都有过这样的经历：掏心掏肺地跟对方说实话，最后却不欢而散。但是我在本书中不止一次地讲过，不敢说出自己的真实想法，只会让你的怨恨累积，感情也难以圆满。靠压抑自己维持的关系又怎么可能长久呢？要想拥有真实、鲜活、美好的关系，这种做法绝对不可取。

提醒 13：尽早把话说出来

有的时候，冲突双方都不愿意再提起那些不开心的事，因为一想起来就让人难受和痛苦。但是这时候，我们还是要强迫自己早点和对方谈谈。有的人总是在等待合适的时机，这样反而浪费了很多时间。我喜欢在倾听了对方的想法之后马上表达我的想法。至于时机，以我的经验来看，越早越好。千万不要等上几天甚至几个星期，那耽搁的时间就太长了。

在说话之前，提醒自己上述 13 件事，下一次冲突来临时，你就不会乱了阵脚了。同时，建议你再回顾一下之前讲到的有关"惊弓之鸟"的内容。现在我们已经进入了内心世界，对自己也有了一定的了解，下一步就该和冲突表里的那个人谈谈了！在说话之前，我们要准备的确实不少，但是这些准备都能帮助我们更好地解决冲突。所以，一定要记得提醒自己这 13 件事。

SHORE 法的 8 个步骤

我把说话时要用到的方法称作"SHORE"法,"SHORE"的意思是"以坦诚的态度承认自己的错误,以共情的方式修复彼此的感情"[speak(S)honestly(H)with ownership(O)to repair(R)empathetically(E)]。想象一下,远洋之中有两艘船彼此冲撞,这冲撞让原本平静的海面突然波涛汹涌,但只要往岸边(SHORE)靠,就可以减轻风浪的影响。通过这个方法,双方能在重新航向浩瀚的海洋之前重整彼此、重建联系,将冲突归零。SHORE 法和 LUFU 法一样,也包含 8 个基本步骤。在这个过程中,我们也需要全身心投入。

全身心投入

1. 设定语境。

2. 承认错误。

3. 表达共情。

4. 表示认可。

5. 分享影响。

6. 提出请求。

7. 总结教训。

8. 相互合作。

全身心投入

在上一章对 LUFU 法的介绍中,我们已经讲过如何做到全身心投入了。通过下面的学习你会发现，倾听和表达的技巧有一些是重复的。我们在说话的时候越投入，就越能理解倾听的一方，越能好好地传递信息。

第1步：设定语境——对三方负责

你为什么想要和对方重归于好？一定要坦诚地告诉对方你的想法和目的："我知道在那之后，你可能一直不高兴。这我能理解。但是我真的希望咱们能够和好，因为我们的关系对我来说太重要了。"

提醒一下，任何时候你都要对三方负责，既要考虑自己，也要考虑对方和你们之间的关系，对这三者一视同仁。重归于好不仅对我好，对你也好，最终就是对我们的关系好。说话之前想想这些，能让你以一种有利于你们之间关系的方式行动。你说出一句话，是因为你相信，这对你和对方以及你们之间的关系都好。

第2步：承认错误——以"我的错在于……"开始对话

抱着主动承认自己的错误这一基本态度开口说话，能更快地帮你化解冲突，与他人重归于好。在承认自己错误的时候，千万不要给自己找理由，或者为自己辩解。这么做只会火上浇油。如果你真的想让你们之间的关系有所进展，就尽可能地展现自己脆弱的一面。

第3步：表达共情——"我认为这对你的影响是……"

承认了自己的问题后，一定要保持好奇心，去了解你的所作所为给对方带来了怎样的影响。你这么做，他们会怎么样？他们会有什么想法、感受和感觉？设身处地站在对方的角度来理解你给他们带来的痛苦，无论你做了什么或是有什么该做而没做到。可以使用我们在第 11 章中学到的句式：

在冲突中，我的错误在于：＿＿＿＿＿＿（行为 / 做了什么 / 有什么该做而没做到），在我看来，这可能 / 已经给他们带来的影响是＿＿＿＿＿＿。

比如：

"我声音太大了，吓到你了。"

"我没给你回信息，你一定很难受。"

"看着你现在的表情，我想我一定让你很痛苦。"

可以回顾第 11 章 LUFU 法中的"表达共情"这一步，更好地与他人共情。

第4步：表示认可——"你说得有道理"

在 LUFU 法中，我们已讲过如何表示认可了。现在，我们从倾听者变成了表达者，所以这个步骤会稍有改动。在 LUFU 法中，我们要认可对方的感受，在 SHORE 法中，我们要认可对方的经历。这么做，也能保证对方更好地听你说话。通过表达共情和表示认可，对方的情绪会缓和下来，也就更能听进去你要说的话了。因为这样他们不会去辩解，而是会认真地听你说话。

比如，你和我在谈恋爱，但是争吵后你却一直避而不谈，让双方都心存芥蒂。我就必须找出彼此冲突的原因，搞清楚为什么对你来说谈论这件事那么难。于是，我通过倾听技巧设身处地地去理解你，想象你的感受。如果我们在一起已经很久了，我足够了解你，就能找到你回避谈论这件事的原因。我甚至可能知道你在成长过程中受过的伤痛。但是如果我并不知道这些，也可以问你："我不知道你为什么会有这样的反应，我真的想更了解你，你能告诉我吗？"

然后，我可以接着对你说："我明白这对你来说有多难，我能理解，从小到大都没有人听你说话让你多么难受。你会这样，是因为你觉得即使你说了也不会有什么帮助，而且……"

如果你不知道如何与人共情，对对方的价值观也不够了解，你可能会这么说："怎么样，咱们谈谈吧！我感觉你一直在无视我。我受不了你因为钱的问题一直不跟我一起解决问题的态度。你老是这样我受不了，你以后不能再这样了，要多替我想一想。"（注意在这段话中，你用了多少个"我"。）

不难看出，这种以自我为中心、不停地责备对方的方式，只会让两个人越走越远。对双方的关系负责，就是要站在对方的角度，为对方着想，哪怕是说话的方式也要注意。如果你不能或者不愿这样做，那么在下面的几个步骤中你就会只考虑自己，对方也可能会因此而为自己辩解。要想让对方明白他们的行为给你带来的影响，就必须尽可能真心地体谅对方，这样你才能真正理解对方的所作所为。然后再告诉对方"你说得有道理"，进一步表达你的认可。

第 5 步：分享对方的行为给你带来的影响

认可了对方的经历之后，我们就该来讲一下，对方的行为给你带来了什么影响。我把这个步骤称作"分享影响法"（sharing impact）。哪怕在分享对方的行为给你带来的影响时，也要优先考虑对方，这可以先发制人地避免让他们更加激动、更加据理力争。

分享影响就是通过"我感到……"这样的句子来说出自己的感受。先描述对方的行为 / 做了什么 / 有什么该做而没做到，然后用表示感受和情绪的词语说明对方给你带来的影响：

"当你＿＿＿＿＿＿（行为 / 做了什么 / 有什么该做而没做到）的时候，我感觉＿＿＿＿＿＿（你的感受）。"

可以参考下面的例子，在考虑对方的同时告诉对方他们给你带来的影响。

"我知道你喜欢干净，喜欢东西摆放得井井有条，这能帮助你放松下来（先表达共情），所以每次你大声问我为什么还没打扫的时候，我都感觉自己要大难临头了（分享影响）。"

"朋友，我知道你每周都工作 60 个小时以上，还要兼顾家庭，一定很不容易（表达共情），但是你一整天都不回我信息，让我特别焦虑和失落（分享影响）。"

对于那些从来没有好好表达过自己想法的人来说，分享影响可能并不容易。如果你在这方面做得特别好，甚至到了驾轻就熟的程度，也不要期待结果一定如你所愿。不管你在这方面做得多好，都无法控制对方的反应，所以在分享影响的时候，一定要注意对方的感受。当你分享了对方的行为给你带来的影响后，就可以向对方提出改变行为的请求了。

第 6 步：向对方提出改变行为的合理请求

在冲突结束时，有时你可以要求对方在未来做些改变。你最好先主动表态，告诉对方自己以后会做什么样的改变，然后再请求对方做出改变，可以这样和对方说："我以后会更关注你的感受，如果你也能这样对我，那就太棒了。"

你可以请对方做出以下改变：

◆ 如果要迟到，提前告诉你。
◆ 如果花钱超过 100 美元，先和你商量一下。
◆ 和你一起打扫厨房，保持卫生整洁。

这样的请求能帮助对方改变行为，最后双方都能从中受益，彼此的关系也会越来越好，如果你们两个都能灵活地做出行为上的改变，你们之间的关系就会更加牢固。但是要注意，你提出的请求必须是合理的。我们再来看一个向对方提出行为改变的合理请求的例子：

> "我希望你以后脱了袜子别乱放，而是放到洗衣篮里。你知道我爱干净，很在意这些。你这么做，能让我感觉你尊重我的感受。"

这话听起来是不是特别舒服，没有任何要求和威胁别人的成分？要求和威胁一点用也没有。首先，你们双方最好达成共识，都同意彼此在关系中提出自己的请求（详见第 15 章），然后你们双方都需要看到改变的价值，并接受改变给你们的关系带来的帮助。当你提出请求的时候也要想好，这对对方有什么好处。同时，你还要现实一点，你要明白人的一些习惯是很难改变的。他们能一点一点按照你的期待而不断改变吗？在第 17 章中，我会详细介绍如何提出行为改变的请求。

第 7 步：我 / 我们有什么教训？——"我对自己、你以及我们的关系有什么新的认识？"

记住，要想学习如何应对冲突，就要学着了解自己，了解对方，了解你们之间的关系。你要对三方负责。如果冲突没有给你留下什么教训，那你就错失了良机。在冲突化解的过程中，一定要仔细想一想，你从中得到了什么教训、学到了什么东西。

可以把你的心得写下来，在对方准备好倾听的时候分享给

他们，然后再进入下一个步骤。下面是一些人在经历冲突之后的总结:

"这场冲突终于解决了，太难了。我才发现自己从来不会维护自己，但是你在这方面做得还不错。我想知道如何利用你的这项优点。"

"这给我上了宝贵的一课。你不回我信息的时候，我感觉回到了儿时爸爸不回家的时候。那时候的我总是很害怕、很孤单。有时我会把过去的经历投射到现在的关系中。"

第 8 步: 达成共识，相互合作

不管你是在倾听还是表达，在冲突将要归零的时候，都要想想今后你要如何通过相互合作让彼此的关系更进一步。冲突即将解决，现在你可以回过头去好好看一看这场冲突了。事后再想一想，你会发现自己对对方有了新的认识，你们的关系也会因此而更加牢固。

走到这一步，你们可以借着机会去达成共识了，不管是更改以前的约定还是建立新的约定，总之就是在以后面临冲突的时候，两个人能有个一致的解决方案。这次的问题可能会再次出现，新的问题也一定会出现，对此你们有什么计划吗? 希望你们在这个过程中可以积极一点。新的暴风雨总会到来，当巨浪来袭时，如果你们两个人意见不合，要怎么抵挡风浪呢? 所以，坐下来一起想想你们未来的计划吧 (详见第 15 章)。

将 SHORE 法和 LUFU 法结合到一起，冲突双方都可以在冲突归零的过程中发挥自己的作用。

这些倾听和表达的技巧可以帮助你重建联系。重建联系的过程，就是冲突归零或者冲突趋近于零的过程，这能让你找回自己的安全感，卸下戒备，赶走那只"惊弓之鸟"，并敞开心扉，放心地把自己展露出来（哪怕是自己脆弱的一面），投入到这段关系中。这时候，你可以再测一下自己的受刺激程度，问问自己关于 4 大关系需求的问题：

- ◆ 对方是不是有安全感？对方是否感觉自己有人关注？对方的感情是否得到了慰藉？是否有人为对方提供支持和挑战？
- ◆ 我是不是有安全感？我是否感觉自己有人关注？我的感情是否得到了慰藉？是否有人为我提供支持和挑战？
- ◆ 我们之间的冲突归零了吗？

注意一下：你们之间的关系是不是变得更牢固了？如果答案是肯定的，那说明这个修复过程重建了你们之间的信任。接下来，你还要继续努力，尽可能把冲突带来的影响逆转过来。

冲突归零的标志

冲突到底有没有解决，你的神经系统最清楚。如果你感觉自己的肩膀放松了下来，心跳不那么快了，可以舒缓地深呼吸了，睡眠质量也更高了，就说明冲突已经解决了。在和与你发生冲突的那个人的关系中，你不再总觉得有压力了，你内心的那只"惊弓之鸟"也不再掌控你，冷静和理智重回你的大脑。随着冲突的化解，你会再次充满活力，对自己、对生活，再次满怀热情。

虽然你与某个人的关系得到了修复，但是在工作上、经济上和生活中仍然存在压力，这些我们并没有在书中探讨。因为这本书只专注于帮助你挽回那些重要的人际关系，当与重要关系中的他人冲突归零以后，你就有了强大的后盾，可以跟对方一起并肩作战，轻松地迎接生活中的其他挑战。

只有冲突化解了，我们才能与对方重归于好，这是装不出来的（令人诧异的是，我们总是佯装什么事都没有！）。请记住——每个人对"冲突归零"的理解是不一样的，我觉得冲突归零了，你可能并不这么认为。所以，请一定要尊重对方的感受，同时尊重自己的感受。有时候，你确实解开了和某人的一个大心结，但是你们中可能还有人有其他问题没有解决。如果你们和好后还是不能真正找回安全感，可以参考第 17 章，在那里你将找到解决方案。

如果通过自己的努力，还是不能解决你们两个人之间的问题，不要着急，可以找一个专业的关系教练来帮助你们渡过难关（参考书后的"更多资源"）。执着于曾经的伤痛，反复舔舐过去的伤口，不管这个伤是大是小，都没有什么意义。如果你真的深陷其中难以自拔，专业的关系教练一定可以帮助你，教你如何解开一个个心结。

行动步骤

1. 做设定语境的练习。下次和朋友、家人、同事打电话的时候，可以试着为通话设定语境和时限，看看这是不是能让你更好地考虑对方的感受，同时收获更多自己想要的结果。

2. 注意自己的非语言沟通。写下3个你最受不了的非语言行为。把这些告诉你在冲突表中写下的那个人，注意，不要让对方觉得自己做错了，只要告诉对方这些对你的影响就好。

3. 找到SHORE法中对你来说最有难度的一个步骤，并制订接下来你要怎么提高自己这方面技巧的计划，以及什么时候开始施行这个计划。

4. 下次遇到冲突的时候，试着用SHORE法进行表达，看看效果怎么样，并把这个经过记录下来。想一想你有什么心得，然后分享给和你一起读这本书的朋友。

第 3 部分

冲突的注意事项——如何维持
零冲突状态?

第 13 章

最常见的 5 种冲突及其应对方案

在感情面前我们终将屈服，不得不去面对精神和情感生活中的所有磕绊和混乱。

——约翰·威尔伍德（John Welwood）

许多年前，我曾和自己的好朋友、攀岩伙伴麦克斯，一起挑战怀俄明州的"攀越塔圈"，我们要背着自己的露营和攀岩装备（重达 30 千克—40 千克）徒步走将近 13 千米。在这么偏远的地方背包徒步，简直困难重重：蚊虫叮咬、没有办法过滤水、高温、沉重的背包给人带来的不适和痛苦——当然，还有队友，他比别的困难更让人头疼。

　　麦克斯徒步的速度特别慢，而我喜欢走得快一点。有一次我找到合适的露营地点后，等了好久他才赶到。我越等越着急，越等越不耐烦。当他到达露营地点的时候已经疲惫不堪，而我早就休息好了。我们开始争论到底要在哪里扎营，我也知道两个人要一起合作，但是先到的我早就选好了露营地点，一边等他一边想象我们在这里露营的场景。可是他一来却说不喜欢这里。周围环境这么美，我们却无暇欣赏，而是为了一个愚蠢的问题——在哪里扎营——吵得不可开交。最后，我们像两个脾气暴躁的倔老头一样，各自躲在自己的帐篷里生闷气，全然不懂得欣赏帐篷外 360 度无死角的美景。

　　第二天早晨我们就要去攀岩了，在几百米的高空中，我们两个人要相互协作，帮对方拉住攀岩的绳索。对我来说，往上爬并不可怕，可怕的是我们昨天吵架之后一直没有和解。我们就这样闭口不提，毫无交流，佯装一切没有发生过，这让我很难受。两天后，我们成功登顶，然后踏上了回去的旅程，再也没有提起那天的争吵。

现在回想起来，我反而把过去看清了。那时候的我俩都相互埋怨对方，但是谁也没提吵架的事情，矛盾自然也没解决。这次旅行给我的感觉糟透了。沿途的美景我一点也没有心情欣赏，只是反复思量着那些没说出口的话。那件事过去几年了，我都还在怪他。直到后来，我终于明白自己在这个过程中也是有错误的：本来我可以让一切朝着好的方向发展，却选择将自己困在受害者之谷里，而且一困就是这么多年。

相信你也和我一样，有过类似的冲突经历，并眼睁睁看着自己和要好的朋友断了联系——因为我们知道，这次相聚之后，很长一段时间两个人都不会碰面，所有的不快也总能自愈。我接下来要讲的 5 种常见冲突不仅存在于亲密关系中，也存在于与家人、亲密的朋友和同事的关系中。如果这段关系对你来说真的很重要，如果你们认识很久了，那么下面的 5 种冲突，你很可能经历过。

到底是哪 5 种冲突呢？

◆ 表面的冲突和意见不合（为了小事）。

◆ 童年投射带来的冲突。

◆ 安全感缺失带来的冲突。

◆ 价值观差异带来的冲突。

◆ 心存怨气带来的冲突。

在一段长期亲密关系中，在迷恋阶段过后，你就会开始感觉对方总是惹自己生气——他嚼东西、吸果汁的声音，他把脏袜子乱扔乱放的行为，都让你受不了。两个人不同的价值观开始碰撞，一开始那个完美的他不复存在，你看到了他很多的缺点和问题。通常这时候，你要么会压抑自己的真实想法，要么会下意识地想去改变对方，比如提醒一下对方该洗洗脏衣服、脏袜子了。但是慢慢地，小问题越攒越多，变成了大问题，你开始感觉与对方断开联系、关系破裂，你恼火、沉默，对他失去了最初的兴趣，更多的问题也随之而来。

对于长期生活在一起的一家人来说，能把你们分开的往往不是你们之间不同的想法和价值观，而是你们在应对冲突、化解矛盾方面能力的欠缺。很多人连家人的怨气都处理不好，更别说更激烈的冲突了。如果孩子有着与自己完全不同的价值观，有些父母是很难真正接受的。很多成年的兄弟姐妹会为了年迈父母的财产争个你死我活。我们大多数人都参加过家庭聚餐，其间常常少不了为了时政问题、家长里短、某个人的特殊嗜好而争论不休。

工作中也是，一封忘记回复的邮件很可能在几周之后酝酿成一场争吵。Slack 聊天群组中一条断章取义的信息很可能会造成不必要的冲突。不管是公司合伙还是同事合作，不同的价值观很可能会让整个团队分崩离析。如果一个人在另一个人的强压下被迫屈从于对方的建议，怨恨就会开始生根，并且会越扎越深，直到彼此的冲突被化解。

好在了解 5 种常见冲突可以让我们更好地理解自己要面对的挑战，从而从容应对。在一段亲密关系中，冲突一般发生在两个人交往 6 个月到 2 年之间。在家庭中，冲突一直都有，关键在于冲突各方如何应对。在工作中，人们一般不好意思撕破脸皮，但是冲突会一直暗潮汹涌。

让我们分别来看看这 5 种常见冲突，并逐一击破吧。

冲突 1：表面冲突和意见不合

什么是表面冲突？

这是日常生活中最常见的冲突——昨天晚上说过的话、没回的邮件、误解的信息、开会或约会迟到、怎么装洗碗机、谁去接孩子——各种微不足道的小事都能引起这种表面冲突。

如何识别表面冲突？

一开始，我们都感觉这是个大事，但是当事情平息下来之后，这种冲突又会显得微不足道，冷静下来的双方都会觉得为这点小事闹矛盾有点浪费时间。这种让人感觉有点大惊小怪、小题大做的冲突，都是表面冲突——但往往两个人在小事上发生口角，背后都有着更深层次的原因。如果在争吵中，双方有人表示"你反应过度了"或者"这又不是什么大事"，那这无疑就是表面冲突。

如何冲突归零？

要想让表面冲突归零，你必须接受一个事实，就是问题可能不是你看上去那么简单。试着找出你们矛盾的根源，这样两个人的关系才能有所进展。表面上你可能是因为对方说的话和他吵架，但是事实上，刺激到你的却是他和你说话的方式，比如他的声音太大了，或者他在你说话的时候转头看手机了。假设有件事情对你来说很重要，如果你的朋友主动给你支着儿，你可能会不高兴，语气也变得有点生硬，这就演化成了一场表面冲突。这种小事一般过去了，双方就忘了。但是如果这种情况发生了好几次，可能就是因为你们之间有什么矛盾一直没有解决，才会让你们在小事上争吵不休。我们大多数人都对别人说话的语气很敏感，那些看起来没什么大不了的事很可能只是问题的冰山一角。

有的时候可能真的只是语气的问题，但是有的时候可能是积怨已久了。不管是哪种情况，你都可以这样和对方说："你是不是在为别的事情不高兴？可以跟我说说吗？"你也可以直接承认自己的错误，告诉他："我知道在这件事情上是我反应过度了，这可能不是你的问题，可能是我小时候的经历让我这样，与你毫无关系。"有的时候，面对这些惹恼你的小事，也可以报之一笑，略带幽默地说："真不敢想象咱们居然为了＿＿＿＿＿＿（表面问题）吵了这么久，原来这都是因为我总是批评你，让你感觉不好（深层问题）。"

温馨提示

很多夫妻都把太多的关注点放在表面问题上，反而忽略了引起表面冲突的根本原因——可能是双方积累了太久的怨气，也可能是安全感的缺失。对于表面冲突，大多数夫妻都可以一笑而过，回归正常。但是，如果这种冲突愈演愈烈，并日益频繁，那一定是有什么深层次的原因。那些节假日期间爆发的家庭闹剧往往都是从表面冲突开始的，但是在表面冲突之下是家庭成员之间的价值观差异或彼此的怨恨。而且，有的表面冲突有一些棘手的内在原因，让人不知道如何是好，只能隔靴搔痒地聊聊、相互说几句坏话，或者直接避而不提。

经验之谈：如果你们总是因为"小事"吵得不可开交，很可能是有什么深层原因在作祟。

冲突 2：童年投射带来的冲突

什么是童年投射带来的冲突？

你有没有感觉自己的婚姻和父母的如出一辙？你是不是总是爱挑战权威？你有没有爱上过老师、音乐家或者英雄？这些都是童年投射带给你的影响。心理学有很多关于投射的知识。那些做个人成长咨询的心理医生经常会说："我想你可能把你的爸爸／妈妈投射到我身上了。"

　　投射是指我们把过去好的、不好的经历投射到现在身边的某个人身上，就像电影投影一样。在每一段重要关系中，投射都或多或少存在。举个例子，如果从小你的父母有一方很严格，总是批评你，成年后你可能会发现自己在亲密关系中总觉得对方在批评你。假设你的父亲特别完美主义，你再怎么努力都得不到他的肯定。成年后，不管是在工作中还是在生活中，老板或者伴侣给你的反馈可能就会让你想起自己的小时候，你会一次次为"自己什么都做不好"而感到羞愧。

　　科学研究发现，我们会投射自己的过去，和我们的内隐记忆、程序记忆有关，但关于这部分的内容，本书不会展开讨论。简单说来，就是过去的记忆（父亲的批评）和现在跟老板的接触过程（为了让你有所提升而提的建议）让你产生了一样的感觉。这让你无法看清自己的老板，更不懂他给你这样的反馈的本意到底是什么。哪怕你的老板是女性，你也会把你的父亲投射到她身上，这和性别没有关系。如果你没有发现自己的这个倾向，就会总觉得是对方有问题，对方需要做出改变，并希望对方不要总是批评你。

　　在我们的恋爱中，以及在像老板和员工这样地位有差距的关系中，童年投射（或投射）很常见，这是完全不可避免的。在亲密关系中，我们总是会把儿时和父母（或者其他童年时期对你来说很重要的人）在一起的经历投影到对方身上。在工作中，我们对自己的老板要么很尊敬，要么很厌恶。如果我们和老板相处的时间足够长，很有可能也会把自己的父母投射到他们身上。

我们一起来看看西尔维的例子。在她 10 岁的时候，父亲就离开家了。这给西尔维造成了很大的打击。一个 10 岁的孩子很容易把父亲离家的原因归结到自己头上，认为"都是因为我，爸爸才会抛弃我们"。慢慢地，西尔维找到了挽回父亲的方式。她开始在各个方面都表现得出类拔萃，特别是在学习上。在她看来，只要自己能做到完美，父亲就会回来，给她渴望已久的父爱。

当然，西尔维的愿望一直没能实现，她的爸爸没有再回到她的身边。成年后的西尔维，每次谈恋爱都努力讨好对方，生怕自己"出一点差错"，对方就会离她而去。西尔维也发现自己有"被抛弃恐惧症"，这让她在恋爱中总是惴惴不安、疑神疑鬼，对方也被这样的她越推越远。西尔维的恋人都觉得她每天唠唠叨叨，总是干涉他们的隐私，而且超级黏人。其实，西尔维只不过把过去被遗弃的恐惧投射到了现在的恋人身上，生怕自己不够完美，对方就会弃她而去。这也给她带来了很大的信任问题，西尔维总是不能完全相信自己的男朋友。每次分手也仿佛印证了她的想法，让她更加害怕。

如何识别童年投射带来的冲突？

在一段关系中的时间越长，我们就越容易把自己的童年投射到它上面。一直以来，泰都把自己和母亲的关系投射到妻子身上，而他的妻子，也总是把自己和父亲在一起的记忆投射到泰身上。这种投射很常见，我们都难以避免。我们的伴侣总是会时不时地唤醒我们童年的某段记忆，让我们猝不及防又躲闪不开。这时候，我们多多少少都会感到不舒服，但是如果我们能学会如何应对自己的童年投射，过去的伤痛也可以跟着痊愈。

比如，有时当泰的妻子压力很大、心事重重或者很疲惫的时候，泰就会想到自己的妈妈，并把过去不快的经历投射到妻子身上。因为在成长过程中，当妈妈状态不佳时，泰就会觉得自己受到了冷落，并认为自己做了什么错事。这种和妈妈断开联系的感觉，让童年的泰十分焦虑。作为一个成年男人，妻子不佳的状态居然让他这么手足无措，说来也让人觉得诧异，但也正是因为如此，泰才专门来找我进行心理咨询。因为这种情况感觉很熟悉，所以泰经常不自觉地把童年的经历投射到关系中，让内心的"惊弓之鸟"占了上风。好在经过多年的努力，现在的他比以前有所进步。泰之所以会把童年投射到亲密关系中，一部分原因在于他的关系脚本。好在泰及时了解到他的妻子并没有生他的气，也不会离开他。现在的泰已经成了关系领导者，并且他心里明白，之前都是他童年时期形成的依恋模式在作祟。了解这些，使得泰有更多的空间去调节自己，并与妻子重建联系。

如何冲突归零？

你要做的第一件事就是，当对方太过疏离或者太过亲密的时候，都不要太当真。有的时候你可能觉得自己痛苦得要死掉了，但你不还是好好地活着吗？所以，请让自己放松下来。如果泰的妻子状态不好，并且这种情况持续的时间较长，让泰也

跟着不舒服了，泰就会主动提出谈谈。当泰把自己脆弱的一面
袒露出来，而不是抱怨时，他们的谈话就进行得很顺畅。

◆ 抱怨时："感觉你在疏远我，我不喜欢你这样。有什么事
　你应该告诉我，我帮你想办法。"

◆ 袒露脆弱时："亲爱的，我知道你最近的事真是太多了，
　现在的你不光精神紧张，身体肯定也疲惫不堪。我在想你
　是不是生我的气了。这让我感觉很难受，又有点孤单。"

　　注意一下这两种说话方式的差异。尽管这两种说话方式都
有不尽如人意的地方，但是泰和他的妻子都找到了最适合他们
的回应方式。希望你也可以这样。

　　接下来，想一想在你的哪段重要关系中可能出现了投射行
为。找出你最常投射到对方身上的两个情形，并问对方愿不愿
意谈谈自己可能有的投射行为。在这个过程中，表达的方式很
重要。

◆ 不要说"你太尖刻了"，而是说"我有的时候会觉得你是
　在批评我"。

◆ 不要说"你老生我的气"，而是说"我感觉我惹你生气了"。

　　还有一种方法很有用，你可以这样告诉对方"我给你讲个
故事……"，对方听到这句话就会放下戒备，因为你是在讲故
事。这样的话会让人感到放松，相反，如果你一上来就使用绝

对化的表达，说一些"你真是""你总是""你从不"之类的话，对方瞬间就会感到有攻击性。为了让沟通更顺利，你可以先说一些体恤对方的话，然后再把你的投射讲出来，比如"我知道你现在特别忙，而且因为经济问题压力相当大。我给你讲个故事吧。在这个故事里，你烦我了，不愿意再和我联系了"。

冲突 3：安全感缺失带来的冲突

什么是安全感缺失带来的冲突？

父母与孩子之间以及爱人之间如果因为缺乏安全感产生了冲突，是件特别让人头疼的事。作为深藏于关系脚本中的一部分，儿时安全感的缺失成了我们许久以来依恋需求得不到满足的痛，也在我们心中种下了恐惧，生怕自己遭人嫌弃。在这种情况下，恋爱中的一方很自然就会琢磨"你是真的想和我在一起吗？全心全意投入，没有给自己留什么后路？"如果 4 种关系需求中的任何一种——有安全感、需求能得到关注、感情能得到慰藉、有人提供支持和挑战——没有得到充分地满足，就会导致安全感的缺失，这会让表面冲突升级，变得越来越严重。在这段关系中，两个人都会压力倍增，不停地争吵，全然不知一切的始作俑者是他们安全感的缺失。

如何识别安全感缺失带来的冲突？

安全感缺失引发的冲突有一个特点，那就是亲密关系的双方或者一方总感觉对方没有"全心全意投入"，总觉得不知道什么时候对方就会弃船而逃。通常情况下，涉及性生活和钱的问题的冲突，都是因为缺乏安全感引起的。举个例子，如果你在经济上完全依赖另一个人，那么你肯定不想离开他，因为这会让你丧失安全感。再比如，如果你在一段感情中总是缺乏安全感，那么你在性生活方面也会放不开。只有双方都百分之百投入，安全感提升，由此引起的冲突才会减少。假设你的商业伙伴在和你合伙做生意的时候，总是有所保留，这可能会让你感到如履薄冰，不想继续推进合作了。只有当你感受到对方全心付出和共同进退的意愿时，你才能安下心来。想象一下，如果这个合作伙伴每次在你们之间有了冲突时，他都闭口不言，一副没有兴趣解决问题的样子，时间长了，就会让你没有安全感。

亲子关系也是如此，如果孩子察觉到父母不能始终如一地提供安慰、慰藉和陪伴，或者如果亲子之间的关系出现问题了，却没有得到及时修复，孩子就会丧失安全感。父母忙于应付自己的安排、需求、爱好、压力、形象或者工作，这使得他们无法满足孩子的 4 种关系需求。需要注意，在像亲子关系这种权力不平等的关系中，孩子是很难为父母提供安全感的。例如，孩童时期的你也许会觉得，照顾酗酒或抑郁的父母是你的责任，这种想法其实是不对的。

也许你的父母很刻薄，总是贬低你、羞辱你，照顾者的这种做法会触发孩子的"惊弓之鸟"模式，如果他们总是这样，或者完全忽视你的感受，明知你有压力也不去安慰你，不去修复你们之间的关系，就会让你生活在一段不安全的亲子关系中。

当你总是对自己抱着负面态度时，比如觉得"我不被需要""什么关系都是不值得信任的"，你就更有可能在成人关系中缺乏安全感。

在亲密关系中，有没有安全感直接决定了这段感情能不能长久。如果在亲密关系中没有安全感，换句话说，如果你无法正常地给予或接受这 4 种关系需求，那么你们就会因为安全感的缺失而引发冲突。表面上看你们是因为昨天晚餐时一言不合吵起来的，但真正的原因其实和安全感有关。比如，一对夫妻可能会因为没有解决对亲密关系更深层次的威胁而陷入冲突。一方一味地躲避、逃离、责备，感觉糟透了；另一方倍感焦虑和恐惧，于是唠唠叨叨、喋喋不休，试图解决问题，实际上反而让对方越来越远。

我和妻子刚开始谈恋爱的时候总是吵架。以至于有一次我的朋友专门约我吃晚餐，郑重其事地问我："兄弟，你们天天吵来吵去，是不是不合适啊？"试想一下，两个痴迷于心理学的书呆子，有事没事就觉得另一个人是不是把童年投射到了自己身上，能不吵架吗！好在后来我们一起努力，商量出了解决我们之间冲突的办法。从此之后，我们总能将冲突归零，只不过有的时候这个过程会长一些，可能需要好几天，我们才能把话都说开。乍一看，我俩之间的冲突似乎大多是表面冲突、童年投射带来的冲突、价值观差异带来的冲突，偶尔也会有一些因为心存怨气带来的冲突，但是后来我才明白，我们之所以会如此频繁地争吵，原因之一是我在这段感情里没有全身心投入。尽管我很爱她，但对这段关系我很矛盾。我想有人陪伴，但又不想被这段关系束缚，所以每次我们之间的关系变得更亲密的时候，我就会刻意保持甚至拉开距离。可想而知，这让我妻子特别不安，而她的不安也影响了我，但我全然不知这一切问题的根源都在我自己身上，是我没有全身心投入造成了她的不安。在交往的前三年，我们有两次闹得差点要分手，后来我渐渐成长，学会了如何在感情中全身心投入，并终于迈出了那重要的一步——向她求婚，那之后我们之间的关系状态彻底改善了。

如何冲突归零？

不管是亲子关系、亲密关系还是商业伙伴关系，都需要安全感，这是个很重要的目标。任何类型的冲突要想归零，首要前提都是双方愿意为了这段关系去学习。正如我们在第 4 章中讲到的，关系中的双方都需要成长和进步，才能和对方并肩作战，迎接冲突，修复彼此之间的关系。要做到这点，双方都要全身心投入。你们必须下定决心，无论发生什么都要对对方不离不弃，为了修复彼此的关系愿意付出努力。当然了，如果只有你一厢情愿，对方不愿意去学着经营你们之间的关系，一切都是枉然，这段关系还是会缺少安全感。

那么，如果你们双方在这段关系中的投入程度不一样，而且投入少的那一方还毫不掩饰自己没有全身心投入的事实，会发生什么呢？尽管这让人很难受，但是他们对待关系还算诚实，这能帮助你认清自己到底想要什么。但是，不管是夫妻、团队还是乐队组合，只有所有成员都百分之百付出，才能一直走下去。

好在只要你的伴侣愿意付出，哪怕你在童年安全感缺失，随着时间的推移，你也总能在这段感情中把安全感找回来。当然，就算是安全感十足的恋人或者合作伙伴，还是免不了会有表面冲突、童年投射带来的冲突、心存怨恨带来的冲突和价值观差异带来的冲突，但是至少这时候，你的心是有着落的，因为你不用担心对方会放开这段感情。当然，你的神经系统还是会时不时受到刺激，但是现在的你很有安全感，从心底里觉得很踏实。这正是很多夫妻和恋人所追求的状态。

冲突 4：价值观差异带来的冲突

什么是价值观差异带来的冲突？

价值观不同可能会导致关系破裂。价值观指的是我们的认知、理解、判断或抉择，它代表了我们关心什么，比如一夫一妻制、育儿哲学，以及对财富、健康、工作方式和宗教等的观点和态度（但不是扎根心底的一种信念）。我们都有过类似的经历，一开始和某个同事或者朋友相处得还不错，但是随着时间的推移，双方的价值观以及本色会渐渐浮出水面，因为我们都没有办法隐藏自己真正的取向。价值观差异一般体现为不同的处理生活、爱情、金钱、孩子、冲突、家庭、工作、信仰等的方式。很多人刚一认识，觉得很投缘，相处时间久了，才发现彼此的价值观大相径庭。这些差异本质上都不是问题，但是它们对人们来说很有挑战性，特别是当一个人不知道应该采用什么样的工具和方法来解决它们的时候。要想更好地应对这种类型的冲突，我们必须先了解自己的价值观。在第 8 章中，我们已经讲过一部分这方面的内容。

会破坏关系的价值观差异包括：

◆ 精神或宗教信仰不同。

◆ 文化、种族、民族、风俗、传统不同。

◆ 成长型思维与固定型思维。

◆ 花钱与存钱。

◆ 沉迷烟酒与远离烟酒。

◆ 政治立场和意识形态不同。

◆ 结婚还是不婚主义。

◆ 一夫一妻制还是开放式婚姻。

◆ 生活在城市还是乡村，靠着大海还是青山。

◆ 要孩子还是丁克。如何养育孩子。育儿哲学。孩子上公立学校还是私立学校。

如何识别价值观差异带来的冲突？

在上面列举的会破坏关系的价值观差异中有没有哪些给你的关系带来过冲突？至少选出两种，并把它们圈出来。如果你曾在 Facebook 上，或在公婆家因为对时政问题的见解不同而与人剑拔弩张过，你就能明白，这种冲突有多让人紧张。价值观的不同也表现为信仰的不同。信仰的差异带来了生活方式的差异，所以也算是价值观的差异。我们都不会轻易改变自己的价值观，特别是成年以后。

举个例子，如果父母双方对于如何养育孩子以及如何为孩子选择学校有着很大的价值观差异，那么这种差异带来的冲突也会影响夫妻感情。如果夫妻双方在金钱问题上有不同的价值观，例如，如果夫妻两人，一个财力雄厚、精通理财，而另一个债台高筑、花钱大手大脚，这就会给他们的婚姻带来各种问题和冲突。

如果你在乎的人总是和你说他们"很忙"，没有时间和你把冲突化解开，那其实是他们在用行动告诉你："你，以及咱们之间发生的事，对我来说都没有那么重要。"他根本不在意这段关系。人们的一言一行以及他们所采取的生活方式，都是其价值观的体现。

如何冲突归零？

前面讲过，价值观差异可能会导致关系破裂。但是，冲突双方可以学着用成熟的方式来沟通价值观的差异，然后一起努力，求同存异，为了共同的目标并肩向前。这里重点要讲的是如何在关系中"存异"，要想让这种类型的冲突归零，必须设定语境，然后共同面对价值观上的差异。假装这些差异不存在，只会让关系更紧张，冲突更频繁。还记得前面说的"冲突蔓延"吗？

你可以通过运用第 11 章介绍的技巧去倾听对方。注意，你与对方必须做到相互理解。你要搞清楚对方在价值观方面的底线是什么，愿意做出多少改变。要知道，大多数人都不会轻易改变自己的价值观，除非这能帮助他们获得自己想要的。比如，玛格丽特喜欢活在当下，在她看来"人生苦短，要及时行乐"。但是她的丈夫是个喜欢未雨绸缪的人，希望为退休后的生活提前存点钱。夫妻俩为这吵得不可开交，好在后来两人通过第 16 章（如何解决价值观差异这个问题）讲到的方法最终接受了彼此的差异，并达成了一个双赢的协议。玛格丽特和丈夫通过沟通磋商，学会了求同存异。所以，如果在你的关系中也出现了类似的问题，不妨想一想：你们双方是否都愿意给对方留出空间并接纳对方的价值观？你们之间的差异是否无法调和，这段感情是否无法继续了？

接着，你需要做两件事：一是想想看对方的价值观能给你的生活带来什么好处；二是通过思考对方的价值观是如何满足自己的需求的来让自己接受它们。还是刚才的例子，玛格丽特可以多想想，现在存钱能让她更好地享受以后的生活；而她的丈夫需要认识到，玛格丽特的消费也有益于他们的未来。

多想一想"对方不同的价值观能怎么帮到我"这个问题不难，但是也不简单，需要你意识到对方的行为和决定可能为你带来什么好处，比如"我的丈夫天天看球赛，也没有工作，这能帮到我什么呢？"如果硬要说这能帮到你什么，就是能让你认识到自己的价值观是多么正确，帮助你做出你认为对自己和孩子更好的选择。但是，如果你总是因为这个去说他，觉得自己养家赚钱，家庭地位就高他一等，他很可能会更加拒绝沟通，离你越来越远。

我之所以谈到这一点，是因为很多人都太想去改变对方了，反而让自己陷入困境。如果对方不想改变，你做什么都没有用。

如果他们真的改变了，那也是因为你高超的沟通技巧让对方明白，改变对他们来说有多好，而不是因为你。在第16章，我会进一步讲述这方面的内容。

冲突5：心存怨气带来的冲突

什么是心存怨气带来的冲突？

《牛津英语词典》对"怨恨"的定义是这样的："因为受到不公平对待而产生的强烈愤慨。"请注意这个定义隐含的指责。"不公平对待"，这个"不公平"的标准是由谁定的呢？这个定义是不是意味着这个标准是由"我"定的，由我来判定是否公平？你要是和我的价值观不同，或者不遵守我们达成的或明或暗的协议，我就会生你的气，还会因此怨恨你。这又是在指责对方啊！关于公平，我更倾向于基于个人责任的定义：

怨恨是当我想要改变你（让你遵循我的价值观来生活）或者你想要改变我（让我遵循你的价值观来生活）时产生的一种冲突。①

如果你想让我改变，而我却不顺从你，你就会心生怨气。但是如果我违背自己的心意，顺从了你，我又会对自己心生怨气。比如，如果咱们组建了家庭，因为我想搬去城市里生活而

---

① 在读研的3年里，我对"怨恨"的了解一如往常。好在，我最后遇到了约翰·德马蒂尼博士，他让我认识到怨恨能在多大程度上毁掉一段关系。他还教我如何放下怨恨，我将在后文与你们分享他教给我的方法。

反复向你施压，最后你同意了，但你心里还是喜欢乡村生活的恬然安逸，你就会怨我，因为你背叛了自己的真实想法而顺从于我。这就是我们前面讲的"真实的自我"和"伪装的自我"之间的冲突。

明明不情愿，还是同意了某件事，怨气就会开始萌芽。因为害怕会失去这段关系或者把对方赶走，你选择违背自己的真实想法。当你期望对方成为你希望他们成为的人或者变成你认为他们应该有的样子时，怨气也会开始萌芽，因为你很难接受他们真实的样子。这种现象在家庭成员之间和夫妻之间比较常见。

我在做心理咨询的时候曾接触过这么一对夫妻，丈夫偶尔会吸一次烟，妻子希望丈夫能戒烟，而丈夫却想无拘无束、想吸就吸（他倒也不是吸得很频繁，但是这已经让他的妻子无法忍受了），这让他们的感情一度陷入僵局。有段时间，丈夫打算为了妻子戒烟，但是他的心里其实是不愿意的，久而久之，就开始怨恨起对方来了。后来，他终于受不了了，大声宣布自己作为一个成年人有吸烟的自由，这又让妻子心生怨气。讲到这里我们可以看出，妻子想要改变丈夫的价值观，让他顺从于自己的想法。但是丈夫一心只想着自己的感受，没有去想其实戒烟对自己、对他们的感情都是一件好事。而妻子呢，也没想过丈夫偶尔吸一次烟对她以及他们的感情会有何帮助。他们两人都被困在了自己的立场上，不知道如何是好。

他们的关系之所以会陷入僵局，是因为这对夫妻谁也没有做到对三方负责，更没有去想其实他们可以试着去接受对方现在的状态，这对他们两个人的感情而言是件好事，不一定非要争个谁赢谁输。如果妻子可以接受丈夫在不影响他们感情的前提下偶尔吸两口烟，而丈夫也能为了让妻子少心烦，并从两个人的关系出发保证尽量少吸点儿，他们就能达成共识。相互体谅，接受对方的价值观，两个人就都能感觉好很多。一味地我行我素，坚持自己的信念和价值观，就不要找人作伴，这样的人只适合单身。

一开始的一点怨气如果不及时解决，随着时间的推移就可能转化成无法调和的矛盾。我们总是倾向于把自己的怨气藏于心底，因为我们低估了问题的重要性，也不相信问题能够得到解决。对很多人来说，心里的怨气会转化成反反复复的表面冲突和意见不合，而实际上，这都是由于价值观的差异造成的。

下面两种情况会让人心生怨气：

1. 你想让我屈服于你的价值观。

2. 我想让你屈服于我的价值观。

如何识别心存怨气带来的冲突？

当你的期望没有得到满足的时候，通常会心生怨气。比如，你很在意一个人能不能守时，但是你的一个朋友却总是迟到，这就会让你很恼火。你对他心生怨气是因为你希望他能和你一样守时。再比如，你一直希望父母能多关心你、了解你，但是每次交谈他们都专注于讲自己的事情，从来不去问你的近况，这就会让你心生怨气。或者，如果你的某个员工总是在工作中出问题，你很可能也会有这种情绪。

如何冲突归零？

我们怎么才能消除心中的怨气呢？通过下面这个简单的小练习，我们就可以让自己的期望和心中的怨气达成和解。我把这个练习称作"快速除怨练习"，步骤如下：

1. 百分之百对自己诚实。承认自己的怨气："我讨厌那个……"
2. 把"怨恨"这个词换成"希望"，并注意会发生什么："我希望……"很有意思，是吧？
3. 再写下这样一句话："这是我的期望。我百分之____向某某坦白了我对他的期望。"（诚实回答。）

可以参考下面的例子。

"我讨厌你又迟到了。"
"我希望你下次别迟到，能一直守时。"
"我希望你能这样，但是我却从未向你坦白我对你的希望。"

那么，如果你百分之百向对方坦白了自己对他的期望，会怎么样呢？我这个人从来都喜欢把自己的期望开诚布公地说出来，因为和对方坦诚交流，才更有可能取得双方都满意的结果。在重要关系中，我们对对方有期望、有要求，是件很正常的事情。但是，我们一定要学会怎么表达。关于这部分的内容，第17 章会详细讲到。

如果你对哪段关系心存怨气，一定要试试这个方法，看看自己是怎么把自己的期望或者价值观强加到别人身上的。如果你想要解决这种类型的冲突，就必须了解自己的期望是什么、对方知道多少，才能有所改变。在本书的最后，我还会更进一步，告诉你如果对方不愿意坐下来和你一起解决冲突，你要怎么办——因为对方的这种态度肯定会让你心生怨气。

了解来龙去脉

确定了你在关系中面临的是哪种冲突，你才能更好地去应对。知己知彼，才能百战不殆。只有了解了双方是为了什么而争吵，才有可能将冲突归零。只有双方都了解事情的来龙去脉，才能取得实质性的进展。有的时候，人们不停地争吵，却不知道自己到底是在吵什么。在这种情况下，可以试试这个办法，非常有效。冲突双方中的一人可以这样说："我们先暂停一下好吗？我还不知道咱们是为了什么而争吵。这个问题说明白了，我才能更好地了解你的想法，是因为 X 吗？还是因为 Y？"有的时候，你可能需要一个局外人来给你指点迷津，帮你找到确切的问题。比如找个关系教练或者咨询师，他们可以从更高的角度来看问题，并保持客观，这有助于你解决问题。他们的首要任务是，帮助你搞明白潜在的问题到底是什么。

只有双方都了解事情的来龙去脉，才能取得实质性的进展。

不管你面临的是哪种冲突，要想解决它，首先都要去学习，愿意去学习、了解冲突的人，才能化解冲突。冲突是一个很好的机会，能帮助你了解自己、了解他人，并学习新的方法和工具，让自己变得更强大。此外，经历过冲突的你会变得更加从容，当新的挑战到来时，你与对方会更加团结。没错，人生旅途中的挑战是源源不绝的。

人需要共性，也需要个性。我们不能一味地追求共性，还要学会怎么应对个性。在这个过程中，难免会有冲突，所以任何时候，一定要对三方负责。如果我不愿意或者不能够接受你的价值观，那么这段关系肯定不会长久。在学习接受你的价值观的过程中，肯定会有冲突——毕竟，如果我反对你的价值观，就很难接受你这个人，接受不了你这个人，又怎么能一起走下去呢？

行动步骤

1. 回顾你在第 2 章写的冲突表，看看你与那个人所面临的是哪一种冲突（表面冲突、童年投射带来的冲突、安全感缺失带来的冲突、价值观差异带来的冲突还是心存怨气带来的冲突）。你要怎么解决这个冲突呢？把你的行动步骤写出来。比如，如果你面临的是心存怨气带来的冲突，你会去化解它吗？如果答案是肯定的，那你打算什么时候开始呢？

2. 在生活中找出一件令你心存怨气的事，并试试用"快速除怨练习"来处理它，让自己可以做出不同的选择。注意你对对方的期望。

3. 如果你想了解更多关于价值观差异带来的冲突，可以跳到第 16 章，看看如何解决这类冲突。

4. 和支持你在冲突中承认自己的错误以及为自己所做的事情负责的朋友分享这些。

第 14 章

重建联系的 10 大障碍及应对策略

爱不一定会给你带来快乐，却一定会给你带来活力。在爱之中，我们才明白，什么叫活着。

——安妮·拉拉（Annie Lalla）

在我心中，爸爸是个了不起的人。我从他身上学到了很多东西。我会的所有运动都是爸爸教我的。他还教会了我什么是努力。但是，我也是从爸爸那里学会了隐藏自己的情绪。当然，爸爸从来没有和我说过："儿子，一定不要显露自己的情绪。这样你的人生才会美好！"但是他就是这么做的，也在潜移默化中影响了我。毕竟，爸爸是我的偶像，是我想要成为的样子。每当我进入一个新的圈子，不管是在学校、参加运动项目还是交朋友，我都会提醒自己：一定不能显露情绪。

前文已讲过，小时候我们身边的成年人如何应对冲突，长大后我们就会如何应对冲突。在一天天、一年年的耳濡目染中，我们自然会选择跟身边的成年人一样的方式。父母之间的关系，以及他们对待我们的态度，决定了我们如何与人交往、如何应对人生中的挑战。但是现在我们已经成年了，可以对自己负责并改进自己做得不好的地方了。不要让我们的过去决定我们的未来。

暂且不谈应该如何在冲突之后修复感情、重建联系，先来反思一下我们在生活中实际是怎么修复感情、重建联系的。当你还是个孩子的时候，如果发生了冲突，会有人来安慰你吗？

你父母是会承认自己不对的地方，还是需要你小心翼翼地试探，才能修复你们之间的关系？谁会先道歉？道歉有用吗？你是不是把一切都交给了时间来解决？你会不会通过运动、食物、电子游戏、书籍或者朋友来抚慰自己心中因为冲突带来的伤痛？在与家人重建联系的过程的耳濡目染下，你学会了什么？作为父母，我深刻地明白了，孩子就是父母的一面镜子。如果你正在读这本书，我想你可能还没有完成自己的冲突修复循环。

大多数成年人在应对冲突的时候会采用下面的 10 种方式。在这里，我更愿意把它们称为重建联系的 10 大障碍。我们有必要先讨论一下这些方式，看看它们是不是真的如大家以为的那么有效。

- ◆ 责备。
- ◆ 道歉。
- ◆ 转移注意力 / 回避。
- ◆ 干耗时间。
- ◆ 暂时放一放。
- ◆ FRACK 大法。
- ◆ 希望和祈祷。
- ◆ 为自己辩解。
- ◆ 将一切拒之门外。
- ◆ 煤气灯操纵。

断开联系时，你一旦采用了装腔作势、崩溃自闭、努力挽

回、闪躲回避这 4 个应对策略中的一个，就会不自觉地采用上述 10 种方式。这些只能说明你不愿意或者没有能力解决眼前的冲突。就像射箭总是射不中靶心一样，你只能徘徊在中心点"0"的周围（详见图 14.1）。因此，这些都是重建联系过程中的障碍。

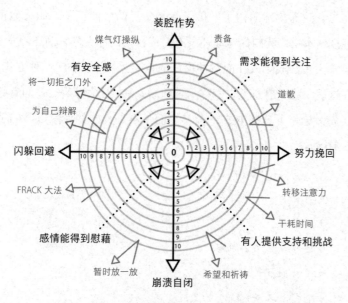

图 14.1　重建联系的 10 大障碍

在冲突中，有的时候我们会觉得自己好像走错了路，走到了一条泥泞的小道上。但事实上，这更像是一条高速公路，是我们为了一时的简单痛快做出的选择。最后的结局我们也知道：这些路通往的都是死胡同。

发生冲突后，我们不得已和在乎的人断开联系，但是如果我们不学习如何重建联系，就很可能会选择上面的 10 种方式，并期待能以此让冲突归零。可惜的是，这只会让我们更加泥足深陷、羞愧难当，甚至孤立无援。下面我将逐个分析重建联系的 10 大障碍，请注意哪一种是你最大的障碍。

障碍 1：责备

当我们坐在受害者的座位上时，总会倾向于去责备别人。这一点，在我的孩子身上体现无遗。在他们还小的时候，我的儿子就会指着自己的姐姐说："这是她干的！"而他姐姐也会反过来指着他说："是他干的。"相信做父母的都明白，这有多让人抓狂。当断开联系时，不管我们采用的应对策略是装腔作势还是崩溃自闭，我们都是在责备，装腔作势责备的是对方，崩溃自闭责备的是自己。责备就是把问题归咎到某一个人身上。当我们这样做的时候，其实就是把没能解决冲突的责任推到了这个人身上。似乎要想事情好转，被责备的对象就必须做出改变，而这会让我们显得无能为力，无法摆脱困境，只有干等着。不责备说起来虽然容易，但是做起来却很难。

自责是崩溃自闭的一种表现，也会让冲突陷入僵局。只要我怪我自己，就能让你独善其身。我沉浸在这种情绪中，认为一切都是我的错，脑补出各种自己不好的地方，困在受害者之谷里出不来，只能祈祷别人把我拉出来。

责备的表现

如果你使用"你总是""你从不"或者"如果你能_____

（你希望他们改变的行为），那咱们的关系就会更好"这一类的表达，就是在责备。当我们希望对方做出改变或者让对方承担起解决问题的责任的时候，其实就是在指责对方。基本上，如果你说话用"你"字开头，那么八九不离十就是在责备对方。相反，自我责备的人可能会用"我"字来开头，比如"真不能相信我居然做了这种事，我真是个大傻瓜"。

如何停止？

　　想要完全不去责备别人，是不可能的。多年来，我一直努力想让自己不再责备或者评判别人。作为冥想指导师，我也致力于帮助其他人做到这一点。但是根据我多年的经验，这几乎是不可能的。好在，我找了一个掩饰责备的方法，那就是在心里默默地责备别人，这么做非常有效。与此同时，我也对自己的责备充满了好奇，我会在自己默默责备别人之后试着尽快找到让我这么做的原因。我会问自己："到底是什么让我现在这么害怕或烦恼？"这样做能让我换个角度看待冲突，承认自己的错误，告诉对方："在我们的冲突中，我的错在于＿＿＿＿＿＿＿（参考你在第 4 章学到的内容）。"与其去寻找和指责对方做得不对的地方，不如把注意力放在自己身上，看看是不是自己做了什么或者有什么该做而没做到才引发了冲突。

障碍 2：道歉

　　道歉可以分为两种：敷衍的道歉和适合时宜的道歉。

敷衍的道歉

很可悲，很多时候，我们的道歉说得太快、太频繁，像是想要敷衍了事。这种道歉只会加剧我们想要解决的问题，因为它从来没有触及两个人不理解对方这一根本问题。如果我们能进一步审视关系中的问题，学会更好地沟通，也是一笔财富。但是，如此敷衍的道歉，会让我们错失这宝贵的机会。

你知道吗，一个人平均每天要道歉 8 次？下一次当你又想张嘴就说"对不起"的时候，不妨仔细想想，你是真的觉得自己不对，还是想用这种姿态来掩盖你对自己行为的羞耻感。

要是这种道歉方式能解决问题，我们就会有效地消除冲突，也就不会害怕冲突了。毕竟，两三个字就能解决的问题，有什么好让人担心的？当然，父母还是要教导孩子主动道歉，这是一种礼貌，所有孩子都应该学会。但是，敷衍的道歉根本不能让孩子紧张的情绪缓解下来，也不能帮助成年人重新回到大脑的前排座位。而且，如果问题一直没有解决，只是不停地道歉，时间久了，孩子就会受到影响，慢慢习惯这种不被重视、不被认可的病态关系。这样的孩子哪怕长大了，还是不懂得如何修复感情、重建联系，因为一直以来，他们只知道道歉。这种敷衍的道歉其实是一种逃避，不仅对安抚对方内心的"惊弓之鸟"毫无作用，也不会帮助我们与对方真正地和解。[①]

————————

① 有时候，对某些人来说，道歉是有用的。但如果你希望自己善于处理冲突，那么它就不能是你唯一的工具。要知道，如果你过度使用道歉，而不做我在这本书中介绍的其他事情，你将很难让冲突归零。

适合时宜的道歉

　　适合时宜的道歉有时就像医生开出的一味良药。如果你喜欢用道歉解决冲突，而对方也明确告诉你道歉对他们有效，那就放心地去道歉吧。

　　适合时宜的道歉便是，你知道要在什么时候表达歉意，从而让冲突归零。有的时候，你可以在发生冲突的当下马上说："天啊，我刚刚这样做真对不起。"比如，我说了一些不合时宜的话，我的妻子听了很不高兴，我看到她的反应，就可以马上说："天啊，对不起，我刚才都是瞎说的，这都是我的错。"接下来，你要努力承担自己的责任，并了解自己的行为给对方带来的影响。

　　还有的时候，你要掌握好节奏，等 LUFU 法等过程快结束的时候，再向对方道歉。当你按照书中的内容全部做了一遍之后，并且你感觉对方需要你的道歉的时候，告诉他们你心中的歉意。注意说的时候，一定要真诚地看着他们的眼睛，流露出内心的脆弱。不然，只听"对不起"这三个字对方感觉不到你的诚意。

敷衍道歉的表现

　　格雷格和特芙拉是一对新婚夫妇。用格雷格的话说，他差点儿"毁了"他们两个人之间的感情。格雷格经常犯错。比如，他会忘了特芙拉的生日。特芙拉也抱怨他："没事总是在网上报营销课程，却从来都不跟着学完，你总是半途而废。"[①] 有一天，

---

① 注意这句话中绝对化的表达，但冲突中的人们经常这样说话。

他们大吵了一架，然后找到了我，但这次他们吵架不是因为网络学习的事。刚来我这里没几分钟，格雷格就已经道了 15 次歉。直到我指出来，他才意识到自己道了这么多次歉。我让格雷格去问问特芙拉，这些敷衍的道歉有没有效果。不出意外，答案是"没有"。我又让格雷格去告诉特芙拉，为什么他不停地道歉。格雷格不知道。他是真的不知道。道歉已经成了他一种无意识的习惯，只要一紧张、一害怕，"对不起"三个字就会脱口而出，就像是他的默认回复。而且，格雷格真的相信，通过自己的道歉，一切就能变好。

原来，格雷格一直都像个受气包一样，是个典型的"老好人"。他很少说自己的主张，总是顺着大家的提议。而这样的格雷格选择的另一半却是个想要掌控一切、说一不二的女人。每次两个人之间发生冲突，特芙拉就会指责格雷格，而格雷格呢，只会不停地道歉。这就是他们两个人的相处模式。但在他们在一起的 5 年里，这些道歉没有一次起到作用，因为它从未解决实际的问题。

听着他们的对话，我注意到，特芙拉对格雷格的道歉没有什么感觉，她甚至一次也没说过类似这样的话："我要的不是你的道歉，我要的是你能认识到自己的问题，知道自己做的事情给我带来了多大的影响。"特芙拉不知道怎么把自己的想法表达出来，让丈夫明白他的道歉对她而言没有用，而是被内心的怒火掌控，不停地责备丈夫，仿佛所有的错都是丈夫的。但是这样做并不能让格雷格意识到自己的问题。经过咨询，他们都意识到，不停地道歉只能让格雷格自己舒服一点，但是对特芙拉来说一点也没用。于是，我鼓励他们卸下伪装，去感受自己内心深处那些脆弱的情绪。没多久，两个人就重归于好了，并学会了如何控制自己内心的"惊弓之鸟"。

如何停止？

如果你也总是不停地道歉，想要匆匆了事，那么你要做的第一步就是正视自己的问题，认识到这么做其实毫无意义。你最常和谁道歉呢？不妨去问问他："我这么做有用吗？""我还能做些什么让你高兴起来？"然后在每次敷衍道歉之后，用心感受一下：自己真的感觉很好吗？彼此的关系真的修复了吗？我想很可能你还是没有将冲突归零。同时，也注意一下当别人向你道歉的时候，你感觉怎么样，是否觉得放松和平静了，是否希望对方有更进一步的行动？

障碍 3：转移注意力 / 回避

通常情况下，当我们感觉不舒服的时候就会想要转移自己的注意力，也正因为如此，我才要求你提升自己的情绪不适阈值。转移注意力是我们用来驱散不适感的"药物"，我们这样做倒是也无可厚非。但是，转移注意力并不能化解冲突，也不能帮助我们重建联系。任何一对情侣都知道，吵完架后一起去看一部好电影，两个人的情绪就能好起来，也会让两人的注意力集中在更有趣的事情上。但是彼此的矛盾还在那里，两人的冲突依然没有归零，不是吗？如果转移注意力就能帮助我们重建联系，那最好的办法就是看看电影、吃吃冰激凌或者刷刷 Instagram。但是，哪怕一时高兴了，我们还是会冷不丁想起："啊，我们之间还有问题没处理，到底还要不要提呢?"

很多人可能几十年都这样，甚至到死遇到问题时还是会想着"干点别的有趣的事情"，从不愿意直面问题。

转移注意力的表现

如果你也这样，请仔细想一想你都采取什么方式来回避冲突。写出 5 种最常帮你转移注意力的方法。比如:

- ◆ 拿起手机来，发信息找人聊天。
- ◆ 随便打开个应用软件，比如 Facebook、Instagram、谷歌新闻、小游戏、色拉布①、抖音等。
- ◆ 在电视上或网络上刷剧。
- ◆ 吃零食，尤其是甜食或薯片这种吃起来嘎嘣脆的东西。
- ◆ 通过酒精、止痛药等麻痹自己。

如何停止?

首先，你一定要认识到，通过转移注意力的方式来解决问题的效果甚微。我之前一难受就会去睡一觉，让自己不去想那些糟心事，但是睡醒后还是那么痛苦，因为问题依然存在。所以，请从转移注意力的"睡眠"中醒过来，用手机设置一个 5

---

① 色拉布（Snapchat），由斯坦福大学两位学生于 2011 年开发的一款"阅后即焚"的照片分享软件。——译者注

分钟的闹钟，做一个 NESTR 冥想。去了解自己的内心，问问自己："我到底在逃避什么感觉？""我到底在害怕什么？"看看这些自省的问题会把你带向何方。一旦你提高了自己的情绪不适阈值，学会了和自己的负面情绪相处，在面对令人紧张的话题时就不会再那么不知所措了。

障碍 4：干耗时间

我年轻的时候，每次饮酒狂欢之后，第二天都会头疼得不行，后悔自己凌晨两点了还在那儿喝酒。但是我也知道，等到了晚上，宿醉的劲儿过了，头也就不疼了。头疼要是没好，也是因为我下午为了缓解压力又喝了罐啤酒。这么做虽然显得目光短浅，但是大多数人对待冲突就是这样——干等着，等时间流逝，最终把事情忘记，不再理会，不是吗？这种做法是不可取的，因为没有解决的冲突会一层一层累积在一起，最后变成长期痛苦的梦魇。这样做只会让我们的生活出现越来越多未解决的冲突，而不是像我们希望的那样：冲突会消失，一切会变好。

时间几乎无法治愈感情上的伤痛。[①] 如果真有这种好事，地球上的所有人应该都过着幸福美满的生活吧，因为我们只要等一等，事情就自动变好了。但事实上，如果我们不去解决关系中的冲突，冲突只会不断累积，最后变得越来越复杂。这会给我们带来沉重的负担，未来的感情也会因此蒙上一层阴影。

---

① 亚利桑那大学 2017 年的一项研究证实了这一论断。

好在关系中的问题如果不解决，就会反复出现，直到我们去面对它们。当然，这对有些人来说可能是个坏消息。

干耗时间的表现

在面对冲突的时候，寄希望于等眼前的事过去，一切就都好了，其实在某种程度上也是在转移注意力。不停地转移注意力就会把时间消磨过去。我们之所以会寄希望于干耗时间这个方法，是因为它有一定的效果。长久以来通过这种方式，我们已经让自己身边的人都习惯了，让他们以为第二天或者过几天，我们就会没事了，这件事就不需要再提了。不管怎么样，这事都过去了。我们可能是从父母那里学来的这一招，而他们也是从他们的父母那里学来的，这种方法可能会一直在代际间传递下去。

如何停止？

正如之前讲到的，我们要想改变，首先要承认自己有这个问题。记住，冲突的时候"睡一觉"可是一点用也没有。诚实地面对自己，承认有的时候，我们就是想把一切交给时间，以为时间能解决自己的问题。和自己的朋友谈谈，把这个问题告诉他，看着他的眼睛，问问他，如果下次再跟他起冲突，他是否愿意我们什么都不提、什么都不做，试图用干耗时间来解决两人之间的冲突。我相信朋友肯定不同意我们这么做，他一定是希望我们能了解他的想法，和他一起将冲突归零。如果我们身边都是不断追求成长的人，那么我们也会在他们的感染下去追求成长，直面问题。

障碍 5：暂时放一放

在某种情况下，我们需要有意识地把问题放一放。比如，在运动场上，哪怕我们对某个队友再不满，也要把脾气放一放，等比赛结束再说。因为这时候闹起来不仅对我们自己不好，整个团队的战绩都会受影响。但是等比赛结束了，我们就可以想办法解决一下问题了，甚至可以喊教练来帮忙。

换句话说，在特定时间、特定场合，我们就是需要忍一忍，把情绪放一放。举个例子，一旦出了什么大事，如家人去世或得重病了，或者自己失业了，冲突双方可能会暂时把个人的分歧放一放，共渡眼前的难关。但是等暴风雨过去了，冲突也会随之过去吗？当然不会，问题还是在那里，需要我们去解决。每一次风暴都会将我们的弱点暴露无遗，长久下去，肯定会带来麻烦。所以，如果想让关系更牢固，我们就一定要学会解决彼此之间未解决的问题。

曾有一对 70 多岁的夫妻来找我咨询。通过聊天，我很快发现，这位老先生一生都在"掩饰自己的恐惧和担忧"（他自己的原话）。40 年来，他在生意上断断续续吃了不少苦。但是当我问老太太她是怎么帮助自己的丈夫渡过难关的时候，她告诉我丈夫从来不和她谈论这些事。她只是用心把家打理好，做他爱吃的饭菜，仅此而已。也正因为如此，在这么多年的婚姻生活里，两个人一直没有深入的情感交流，而这却又是他们极其渴望的。把冲突放一放，就好比我们在清理书桌的时候，把垃圾放到抽屉里，或者扔到车库里，表面上看是干净了，但实际上这些垃圾还在，只不过我们眼不见心不烦。随着时间的推移，垃圾会越攒越多，越来越难清理。

暂时放一放的表现

和转移注意力或干耗时间不同，我们是在有意识地采取"暂时放一放"的方法。你很可能是这样想的：我宁愿先去工作，也不愿面对这件事；我们去喝杯酒吧，这样我就能忘了工作上的烦心事。每次你把冲突暂时放一放，之后还是要面对的，不是吗？

我们父母那一代人都特别能隐忍，包括我自己的爸爸妈妈。我想，这可能是他们当时唯一能想到的方法。他们的付出和隐忍造就了现在的我，不然的话，我就不会写这本书了。所以对于他们，我满怀感激。但是，这并不能掩盖"暂时放一放"这种方法本身存在的问题。暂时放一放会让我们在关系出问题的时候，不能理解对方，不会共情，更遑论重建联系了。选择暂时放一放，就好像是在和对方说"我现在不想处理这个"。所以，如果你是这样，就要再问问自己"我到底害怕什么"，面对冲突，想想这一切，感受自己的情绪，有那么难吗？还能更糟吗？你真的愿意生活在对内心的各种情绪和感受的恐惧中吗？

如何停止？

首先必须承认，有的时候，我们真的需要把问题放一放。这么做无可厚非，但是千万不要一产生冲突，就来这招。如果你一直选择将问题放一放，你就永远不能了解真实的自己，也无法变得更强大。

　　要想停止这么做，你必须主观上先想要喊停才可以。觉得压力太大的时候，就放松一下，这没关系，但是接下来你必须要完成两个步骤：①正视冲突；②解决冲突。你可以先跟对方坦白："亲爱的，有的时候我会想要把问题放一放，不去想它们。"承认这一点，不仅能把你真实的一面展示出来，还能让你重新选择。接着，可以问问对方，如果你们之间出现了矛盾，你这么做他会不会接受："要是咱们起了冲突，我把自己的情绪藏起来，你介意吗？"然后看看对方怎么回答。说出自己内心真实的想法，而不是掩盖它，这样不仅可以提升自己的情绪不适阈值，还会增进你们之间的感情，并吸引更多坦诚的人到你身边来。记住，当你隐藏自己的情绪时，你不会在生活中感到满足。

障碍 6：FRACK 大法

　　在冲突归零的路上还有一个障碍，我称之为"FRACK 大法"[1]。在压力之下，我们大多数人在沟通时都会存在障碍，既不会说，也不会听：喋喋不休，责备对方或自己，不去认真听对方说的话。我明白这种感觉，正如在第 11 章中我和妻子的争吵，下面是我们那次对话的另一部分：

---

[1] 我第一次是从"门槛通道"（Threshold Passage，这是一个为男子举行成人仪式的组织）里面的一个家伙那里听到跟这类似的词，他称之为"FRAP"。我把它改成几个单词首字母的合成词，用来教人们如何倾听。"FRACK"指的是一种从地下深处开采石油和天然气的方法，这个方法比较具有争议性，但我在本书中所说的"FRACK"并非这种方法。

她："我和特蕾莎之间出了点问题，这让我很难受。"（她开
　　始抱怨特蕾莎，列举她的罪状。）

我：（试着当个好的倾听者，听了一会儿）"你为什么难受呢？
　　她一直都这样。你有没有想过要去挑战她或者直面她？"

她：（有了戒心）"嗯，没想过。"

我：（明知道她有了戒心，还是自顾自想把我想说的话说
　　完）"特蕾莎这个人就是不太好相处。你要是愿意的话，
　　我帮你去找她谈谈。或者咱们不要和她见面了，反正我
　　也没那么喜欢这个人。"

她：（不愿再谈）"算了吧，我真的不想再谈这个了。"

我：（感觉很焦虑）"你怎么了？我就是想帮帮你。"

她：……（走开了。）

　　你觉得上面的对话有问题吗？很多人可能都看不出有什么
问题。我发现，当我压力大、受到责备或者不耐烦的时候，都
不会倾听，而是喜欢使用 FRACK 大法。下面，我们来分析一
下在上面这段对话中，我究竟有哪些做得不对的地方。

　　F 代表 fix（修理）。注意在上述对话中，我是如何试图修正
这种状况的，这是典型的阳刚气质。[1]男人喜欢修东西——修车、
修电器、修小玩意儿以及修正问题。这种有阳刚气质的男人把

----

[1] 为了更具包容性，我在本书中用的是"阳刚气质"而不是"男性气质"，即
便如此，"阳刚"一词仍会让一些读者反感。你可以随意将之替换成"男性"或
者任何适用于喜欢修正问题的伴侣的标签。根据我的经验，我认为这是在大多
数情况下感觉正确的一种"概括"。从我的经验来看，男性被社会化成修正问题
的角色，这在生活的某些方面很好，但在其他方面却没有什么帮助。

东西修好后就会自我感觉非常好。但是，在我看来，人是不需要修的，因为人不会像机器一样坏掉。所以，我们要致力于解决冲突，而不是改变别人。

R 代表 rescue（拯救）。注意在上述对话中，我是如何想帮妻子摆脱困境、解决问题的。这就好像是在说，我认为她解决不了自己的问题。这会让对方觉得我们身上有一种居高临下的优越感。还记得前面讲的受害者三角吗？当我们在关系中遇到问题时，不需要别人来拯救，而是需要有人理解我们的感受，然后为我们提供支持和挑战，这样我们才能听从自己的内心，凭借自己的智慧来解决问题。

A 代表 advice（建议）。很多男人特别喜欢给别人提建议："你该这么做。""你下次试试这样。"当然在有的情况下，建议是有作用的。但是在冲突之中，对方明明已经生你的气了，你还要给他提建议，肯定不会有什么好结果。所以如果对方没有要求，不要随便给人提建议。

C 代表 complain（抱怨）或 collude（站队）。抱怨和责备差不多，而站队是指不经思考地站在说话人的一边，对他关于别人的评价照单全收。在倾听的过程中没有保持客观的态度，盲目地站在说话人这边，这是典型的拯救行为。在冲突中，我们大多数人会因为某件事去责备对方，而越是责备和抱怨，我们越难将冲突归零。这种做法不仅不能帮我们重建联系，还会让我们与对方的心理距离越来越远。

K 代表 kill（扼杀）。这意味着，当我们淡化或否定对方的感受时，我们就是在扼杀或压抑对方的感受。"你不该感到沮丧"

或者"根本没那回事"，当我们像这样扼杀对方的感受时，就表示我们对他的想法、感受或遭遇都不认同。记住，每个人的感受不管是对是错，都是百分之百真实的。

如果你一直使用 FRACK 大法，只会让自己处于孤立和冲突之中。所以，我给你的建议是，绝对不能使用 FRACK 大法。

障碍 7：许愿和祈祷

在冲突中，我们常常还会有另一种错误的做法，就是许愿和祈祷事情会发生变化。也许当我们希望时间能治愈一切的时候，就会这么做。我并不反对许愿，也不反对那些为了精神或宗教目的而祈祷的人。如果真心祈祷能给你学习如何解决冲突的勇气，那它是件好事。但是如果你仅仅是祈祷，却不为解决问题付出努力，也不愿意承担责任，那大可不必多此一举，因为冲突是不会奇迹般消失的。光祈祷是不能化解冲突的，如果一定要祈祷，就祈祷自己能有勇气和力量把书中学到的方法运用到实践中。

许愿和干耗时间有些类似。它的潜在意思就是，如果你真心地许愿，最后事情就能奇迹般地变好。有的时候我们也许真能这么幸运，什么都没做，事情就变好了。但那只是例外，不是常规。太多的人在面对冲突时只是坐在一旁祈祷，希望事情能有所好转。

许愿和祈祷的表现

如果你在发生冲突后什么都没学到，很有可能是因为你处于一种许愿和祈祷的心态之中。这就好比你和朋友要去学滑雪，你的朋友在网上看了一些滑雪的教学视频，看了几本关于滑雪的书，还上了几节滑雪私教课。你本来也可以像她这样做，但是你却说："不了，我打算好好祈祷，祈祷我能学好滑雪。"最后到底谁能学好滑雪呢？结果可想而知。

如何停止？

和之前讲到的一样，要想突破这个障碍，首先要承认自己有这方面的问题："亲爱的，有时候我真希望咱们之间的矛盾能奇迹般地消失。""有的时候我希望我什么都不做，事情就能变好。"承担自己的责任，而不是通过许愿和祈祷来避免在重建联系的过程中费心费力，这样他人会更加信任你，因为你的言行一致。

障碍 8：为自己辩解

在"惊弓之鸟"模式下，我们会不自觉地保护自己。其实想想，在表面冲突中，我们需要保护自己吗？比如，你忘了付账单，让你的室友或者伴侣不高兴了，你为自己辩解，这么做有什么意义呢？我们大脑中的记忆有时候并不一定是准确的。但有的人还是会用几年的时间来为自己做过的或者该做而没做到的事情辩解。不管你怎么想，反正我是绝对不会跟自己在意的人做无谓的辩解的，这样很痛苦，因为这会让我们之间的关系越来越远。我们之所以要辩解，是因为不想让自己陷入痛苦或羞耻这种让我们显得很脆弱的情绪中。

辩解通常可以分为两种：否定和找借口。

否定就是否认自己的行为和言语，比如："我从来没这么说过。"要是两个人中有一个人一直这么说，那么谈话就无法进行下去。找借口就是我们承认自己确实也有一些不对的地方，但是我们马上就会解释这些都是情有可原的："我是这样了，这都是因为……"你的确承认错误了（这一点做得不错），但是马上又给自己找借口。不管你选择哪种辩解方式，都会扼杀重建联系的可能性。这种做法就好像当着对方的面摔门一样，自然不会起作用。

为自己辩解的表现

当你找借口、找理由，想让自己的言行合理化的时候，就是在为自己辩解，想证明自己是对的。一般在冲突中，一方极力为自己辩解，只会火上浇油。

如何停止？

像前面讲的一样，承认自己的问题："我在为自己辩解。"最好在你开始辩解之前，就告诉对方："我本想给自己辩解，但是想了想，还是应该先听一听你的感受。"这能帮助你更好地与对方在一起。现在还不是解释的时候，你应该先听听对方怎么说。当然，在冲突修复循环的某个时刻，你也会希望被倾听。

放心，如果对方是个好的倾听者，你大可不必费心费力地为自己辩解。

障碍9：将一切拒之门外

剩下的两大障碍和前面讲的相比，比较极端。想象一下和一堵石墙待在一起是什么感觉，那就是和将一切拒之门外的人待在一起的感觉。他们之所以会这样，很可能是因为他们在自己的心里筑起了一道高墙，然后把真实的自己藏在了后面，他们甚至都没有意识到这一点。这样的人拒绝任何交流，也不会给出任何回应。遇到冲突，他们直接选择掉头躲开，什么也不做，而不是和你一起去面对。想来，以前的我就是这样，不会去面对任何冲突和不快，只会将一切拒之门外。

将一切拒之门外的表现

你拒绝任何人走进你的内心。每当稍有不快，你就会刻意避开。你不愿意让别人了解你，总是将他人拒之门外，特别是在自己沮丧的时候。你给自己的这种行为找了很多理由，比如"别人很难相处""这不关他们的事"或者"我这样挺好的，真的挺好的，你才心情不好呢"。

如何停止？

如果你想改变自己的行为模式，就不能再继续这样对待身边的人。要做到这一点，你首先要认识到，一直以来你之所以如此示人，是因为害怕会受到伤害，是因为你也不知道怎么做才好。然后，你可以找关系教练或心理咨询师帮忙，慢慢地拆除心中的那道墙。

障碍 10：煤气灯操纵

煤气灯操纵是这 10 种方式中最极端的一种。它指的是我们在关系中用谎话和手段将他人玩弄于股掌之中，以达到自己的目的的一种做法。你明明知道真相，但还是选择否定事实、编造谎言。如果曾有人这么对你，你就会明白这是一种非常令人困惑的感受。你会怀疑自己的精神是否出了问题，因为对方会说谎、否定事实、推卸责任，并巧妙地把冲突的原因归结到你的头上。

煤气灯操纵的表现

首先，我希望你不要为了摆脱冲突用这种方式来操控别人，这是具有典型的反社会人格或自恋人格的人才能做出来的事情。在冲突中，如果你将第三方拉入你的阵营，这也是煤气灯操纵的一种表现，只不过不容易让人察觉罢了。在冲突中，如果你一直不能承担自己的责任，就好比在大火中选择放下灭火器，任由冲突的火焰摧毁你与他人的关系。这种做法对于那些重要关系来说是致命的，很可能让你与他人关系的桥梁崩塌。

如何停止？

对普通人来说，就是要注意自己的言行，不要在冲突中将第三方拉入自己的阵营。对习惯使用煤气灯操纵的人来说，首先必须要认识到自己的问题，并真的想要去改变，然后找专业的咨询师帮忙。

说起来让人哭笑不得，当我们在冲突中试图用这 10 种方式中的任何一种来修复关系、实现冲突归零时，最后都会走入死胡同，并让自己陷入羞耻、害怕、愤怒和与对方断了联系的情绪中。这些情绪虽然让人难受，但也可以成为我们的动力，促进我们修复关系、重建联系。这 10 大障碍归根结底可以用一个词来概括：心不甘情不愿。如果我们在关系中无法让对方心甘情愿，就无法实现冲突归零。

行动步骤

1. 在这 10 大方式中，你最常用到哪种？把它写下来。

2. 回想在 FRACK 大法的 5 种表现中，哪种是你最常有的？把它写下来。

3. 在学习这一章的时候，你有没有过羞耻感或者负罪感？如果有，一定要找人分享一下你的感受，这能帮助你克服这种情绪。

4. 想想自己曾和谁起过冲突（可以是你在冲突表中写下的

那个人），在和他的冲突中，你最常使用这 10 种方式中的哪一种？然后问问他或者自己仔细思考一下（如果你们之间已不再说话了）："我这么做给你带来了什么影响？"

第 15 章

缓解冲突的 12 个共识

如果你不去治愈童年的创伤，你的感情之路势必会受到影响。

——尼尔·施特劳斯（Neil Strauss）

冲突中的每一方往往都承受着巨大的精神压力。可能你们都觉得，这太难受了。这个时候，要是没有人带头解决冲突，关系很可能会陷入僵局，矛盾也没有办法得到化解。但是，如果你们能达成共识，不管发生什么事都能共同进退，就终能守得云开见月明。

达成共识，能帮助你避开冲突中的陷阱。如果你们之间是一起成长、组建一个强大的团队的关系，那么这些共识就应该是你们的行为准则。共识能帮助你们控制自己的反应，按照两个人的约定行事，从而更快地将冲突归零。所以，一定要尽早在那些重要关系中和自己在乎的人达成共识。

当然，不是所有关系都要事先达成共识。关系越是亲密、重要，我们越是应该提前达成共识。也许在我们的一生中，只要和两三个人达成这样的共识就可以了。

举个例子，很多人在结婚前都会签订婚前协议，以防止离婚后个人财产的损失。离婚后要共同抚养孩子的夫妻，通常会形成书面的协议，在里面事无巨细地列出双方应尽的义务，连接送孩子见对方的时间都会明确写出来。人们之所以这样，也是为了避免离婚后因抚养孩子意见不合而产生纠纷和冲突。人们在开始商业合作之前也会签订法律协议，以保障双方的权益，并避免出现争议后影响合作关系。

我曾经帮忙调节过两位创业者之间的冲突，说起来，他们就是因为在一开始的协议里有所疏忽，才导致了后来的问题。正因为他们当初的协议没有百分之百明确，两个人出现矛盾后才会非常情绪化，这给两个人的关系带来了不必要的压力。但我用本书中的方法不到两个小时就帮助他们解决了冲突、达成了共识、明确了协议里的内容，他们的合作关系也变得更加牢固了。他们之所以能这么快化解矛盾，当然也是因为两个人都愿意参与进来，共同解决问题。

在有的关系中，对方可能会一时很难理解达成共识的必要性。比如你有一个很多年的朋友，突然之间你找到他，说要和他就两个人之间的关系达成一个协议，他肯定一头雾水，不会轻易答应你的想法。

这么做虽然有点难，但是关系领导者不会害怕，还是会积极沟通，达成共识。很多人之所以避免达成共识，是因为怕对方和自己意见不一致，双方可能会闹得不愉快，而他们不想去处理这些不愉快。千万不要因为害怕产生冲突而不去达成共识。

达成共识的过程，很可能会有矛盾和冲突。共识并不是规则、条款，千万不要给人一种一旦违反了就会惹上麻烦的感觉。关系中的共识更像是你们之间关系的防护栏，能关住你们内心的"惊弓之鸟"，不让它出来捣乱。面对压力时，有了这些防护栏，你心中就能安定一些，毕竟有些问题已经提前商量好了。对于那些模糊不清、难以界定的问题，不同的人会有不同的看法，尤其是在压力之下，这可能会给关系带来威胁和冲突。当两个人都情绪失控或者陷入被动的时候，有个提前达成的共识，双方就能放松下来，按照事先的约定处理问题。请仔细研读下面的 12 个共识，看看哪些是适合你们的。下面所有的共识都以"我"字开头，但是你要明白，当你们达成共识时，可以把"我"改成"我们"。

共识 1：我同意达成明确的共识

在吵架之前，甚至在你们的关系刚开始的时候就达成明确的共识，可以让两个人之间的关系更加密切，并降低双方的痛苦和伤害。比如，一对夫妻就金钱问题达成明确的共识，"我们同意每周就两个人的金钱问题展开一个小时的讨论。如果在一个月之内我们还是不能解决两个人之间的金钱问题，就找个专业的理财师来帮忙"。我们再来看个反例，冲突双方从中学开始就是朋友，两个人当初一起合伙做生意，但是没有达成一个明确的共识，只是说了句"要是亏损，咱们就找人帮忙"。这样简单的一句话，很明显会给以后的合作埋下冲突的种子，因为这里面需要界定的内容太多了。

所以，请想一想在你的重要关系中，达成哪些共识特别能帮助你解决其中的冲突。比如在工作中，你们的团队可以达成这样的共识：在团队会议上，大家都要畅所欲言，并对别人的建议和意见保持开放的态度。拥有开放性关系的情侣非常容易相互伤害和误解，因为这样的关系涉及的不仅仅是情侣双方，还有其他人，所以最好提前达成共识，"如果你想和别人上床，请提前告诉我，咱们商量商量，我同意了才可以"。双方达成了共识，就可以避免想法不一样带来的冲突。

当达成了明确的共识后，哪怕面对压力也要坚持执行。对达成的共识不能有其他的解读。如果这个共识无法再发挥它应有的作用，双方可以一起协商并做出调整。

共识 2：我同意不断成长和进步

要想成为关系领导者，一定要有学习的积极性，并试着让自己的关系不断成长和进步。这样，哪怕形势变得艰难，你还有一个选择——成长！不断成长和进步的关系可以经受住逆境、磨难、差异和冲突的考验。也许金属乐队是经过不断成长和克服团队成员之间的冲突，才经久不衰，持续带来精彩的音乐的。①斯坦福大学心理学教授、作家卡罗尔·德韦克（Carol Dweck）致力于研究成长型思维模式，她的研究结果非常清楚：具有成长型思维模式的人几乎在生活的各个方面都能如鱼得水。[1]

如果你一直陷入相同的冲突模式中，就不要佯装自己是个很好的倾听者或自己知道如何有效地表达。这时候的你肯定需要从冲突中学习，这样才能帮助你们两个人走出冲突的死循环。每天我都会接触很多来访者，他们中的大部分人都觉得自己非

---

① 金属乐队（Metallica）是美国男子重金属乐队，在该乐队的纪录片《某种怪物》（*Some Kind of Monster*）中，乐队聘请了一名心理治疗师来帮助他们克服彼此冲突的挑战。

常善于倾听和表达。我通常都会问他们："为什么你们相处得这么艰难呢？"他们总是会责备对方，为自己辩解，把一切罪责都归结到对方头上，"都是这个人太难相处了，我和其他人都相处得不错"。而我每次都是同一个回答，"所以我们都要好好学习倾听和表达的技巧"。其实，只要他们可以承认自己的问题，承担相应的责任，然后开始学习，就会有不一样的结果，并让他们关系中的一切跟着变好。这是为什么呢？因为他们愿意去学习如何应对冲突。

共识 3：我同意学习如何把冲突当作亲密 关系中正常的一部分

在亲密的关系中，我们不应该把不吵架作为目标，这种想法本身就是不现实的。在关系中，一定要把自己真实的想法和情绪表达出来。当然，有的时候，这样做可能会让关系的小船晃悠几下，对方也会因此而感到不悦。那也没关系，我们必须转变思维：冲突是一次宝贵的成长机会。有了冲突，我们才能发现两个人之间存在哪些误解——然后才能更好地了解对方。有了冲突，我们才能发现自己的内心冲突，知道真实的自我是什么样的、伪装的自我是什么样的。当我们接受冲突的时候，其实就是在迎接更真实的一切。冲突的另一面，其实是更加密切的联系。要想和自己在乎的人和谐共处，不去学习如何面对关系中的风雨是不可能的。在这方面，我们没得选择。能否拥有美好的关系，诀窍在于两个人会不会应对冲突。

共识 4：我同意由内心强大的人来领导

经过多年的观察，我发现谁有更强大的情感能力来承担责任或倾听他人，谁通常是关系领导者。我把这样的人称作"内心强大的人"。如果你在任何情况下都是内心更强大的那个人，那么你就要主动展开对话，引导对方一起谈谈你们之间发生了什么，以寻求和解。但是如果你在任何情况下都是内心相对脆弱的那个人，你也要告诉对方"我真的想解决我们之间的矛盾，你能主导这个事情吗？""你先开始好吗？我心里还很难受"。

经验之谈：由内心强大的人先开始。

共识 5：我同意去探索自己责备你的原因

多年前，我曾一度责备自己的父母，觉得自己之前所受的伤害和在感情中遇到的问题都是他们造成的。这给他们带来了很大的伤害，也让我与他们之间的关系变得很紧张。最后，我不得不克服我对他们的指责，放下一些过去的伤痛，我们的关系才得到了改善。在和父母的关系中，我成了关系领导者。时至今日，我们的关系一直很融洽，我也是一有时间就会去陪陪他们。[1]

---

[1] 值得注意的是，我和父母一起解决了我的问题，但没有去改变他们。他们从未接受过心理治疗，也从未承认过任何错误，只是保持着他们真实的自我。这是非常鼓舞人心的，并帮助我处理了我的幻想和期望。在第 17 章中，我将详细讲述这部分内容。

如果你足够好奇并深入挖掘自己责备他人的原因，就会发现自己的投射行为很正常，比如把父母投射到自己另一半的身上，或者把过去的创伤投射到当前的人和事上。只要你有勇气让自己成长起来，这一切不过是散落在你成为更强大的自己的路上的面包屑，微不足道。因为如果你学会了如何处理自己过去的创伤、面对过去会让自己受到刺激的因素，就能更经常地坐在前排座位上，熟练而灵活地应对冲突。但是，如果你不能放下责备，就永远无法体会冲突带来的甜蜜。

共识 6：我同意承认自己的错误

我们之前讲过，解决冲突最快的方法之一就是承认自己的错误。你解决冲突的能力和自己在任何冲突中承认错误的能力成正比。承认错误的同时，你就为自己注入了强大的力量。你有能力改变自己的行为和行动，也有能力找到一种对他人有益的方式去倾听和表达。现在的你就在学习如何以不同的方式应对冲突。所以，大胆地承认自己的错误吧。

共识 7：我同意展示自己脆弱的一面

示弱能让对方缴械投降。试想一下，你能对着一个正在哭的人发脾气吗？或者如果你心情好好的，你会去伤害别人吗？相信你很难做到。这说起来可能会让你感到纳闷，但是示弱真的可以让一个好的伴侣或朋友迅速放下怒火。我明白，很多人之所以不想展示自己脆弱的一面，是因为害怕这样的自己会受到伤害。于是，你把自己锁了起来，把自己的真心和柔情也锁了起来。这么做无可厚非，但是如果你想要解决冲突，一定要勇敢地走出来，展示自己脆弱的一面。对别人拔刀相向只会让自己陷入困境。

展示脆弱并不一定要流泪。它可以是承认自己的错误，比如告诉对方"亲爱的，我是个混蛋"或者"朋友，我知道你很难受。我为自己对你造成的伤害感到羞愧"。根据我的经验，一旦冲突中的一方软下来，不再害怕，也不再为自己辩解，冲突就会往好的方向发展。两个人中总要有一个人先示弱，先去感受自己和对方的伤痛。"亲爱的，我感到很受伤"或者"朋友，我很害怕"，不要害怕去面对这些感受，正视它们，并分享你的感受。哪怕对方因此更受刺激，也要让他看到你的脆弱，因为这也能让他们的心瞬间柔软起来。

共识 8：我同意说话的时候考虑对方的感受，尊重对方

在"惊弓之鸟"模式下，我们常常不能自控，对对方说一些傻话或做一些傻事。所以，你们不妨达成这样的共识：不管争吵有多激烈，都要考虑对方的感受，尊重对方。如果你真的在意这个人，想要化解冲突，必须学会用一种能让对方听得进去和消化的方式进行沟通。要做一个体面的人，不要暗箭伤人，不要大喊大叫，不要用会吓到对方的方式说话。当然，也不要

对对方冷嘲热讽，或者开对方的玩笑。[1]可以试着多说以"我"字开头的句子。

还要注意，非语言沟通占了我们日常沟通中的很大一部分。所以，你还要注意对方有没有翻白眼、抱着双臂、叹气或者头转向另一边。当然，不管你处理得多好，对方还是有可能会把自己封闭起来，或者逃开。所以不要妄想自己能完美地处理好一切，同时不惹恼对方。这是不可能的。好在你可以通过自己的行为来缓和对方的反应，安抚对方心中的"惊弓之鸟"。当你在沟通时不能为对方着想，也不尊重对方的时候（有的时候你可能就是做不到），也不要太过纠结，把注意力放在当下，想想怎么去收拾这些烂摊子，并修复感情、重归于好。

共识9：我同意不轻言放弃这段关系

对以前的我来说，这恐怕是最具挑战性的一项。就我的过往而言，我实在有太多次选择断开联系、离开或者干脆不进入冲突了。不轻言放弃一段关系的意思就是，你们双方都要忍受冲突，直到冲突归零。这也意味着，你不会切断你们之间的联系，或者一言不发地大步走开，再也不回来。当然，你可以选择花一些时间和空间让自己冷静一下，整理思绪（按下暂停

---

[1] 我的老师杜伊·弗里曼（Duey Freeman）告诉我，讽刺会妨害亲密关系。这句话我铭记多年，感觉非常正确。要知道讽刺和幽默是有区别的，讽刺是让人感到受伤和不快的话语，会导致关系破裂，而幽默是让人感到好玩和有趣的话语，可以加强联系。

键），这能帮助你更清晰地思考和沟通，但是一定要回去应对你们之间没有解决的问题。

共识 10：我同意不以离开相威胁

在情绪激动的时候，我们总是会说出让自己后悔的话。在一段长期关系中，最令人心寒的话莫过于威胁对方说你要离开。在婚姻之中，如果在冲突最激烈的时候说"分居""离婚"之类的话，会非常伤感情，也会让恐惧和不信任弥漫在两个人的心间。受到威胁的一方通常会特别警觉、敏感，因为你很可能明天真的离开了。这会让对方在这段关系中更加没有安全感，从而引发更多的冲突。所以，千万不要再这么威胁对方了。

共识 11：我同意不在信息、邮件中吵架

我多年来一直有一条个人原则：绝对不在信息或者邮件中吵架。哪怕有冲突，面对面也是最好的沟通方式，科学研究也证实了这一点。而且，信息和邮件会遗漏我们的语气、声音和肢体动作，没有了这些线索和提示，我们就容易胡思乱想，让自己的负面情绪占据上风。

回想一下，有多少次你收到对方的信息，却误解了他的本意？因为看不到人，没有办法知道他是不是不高兴了。所以，如果你想更有效地应对你们之间的冲突，就一定要做到这一点。下一次，如果你和谁在发信息或邮件的时候快要吵起来了，可

以试试说下面的话:"你能告诉我这些我很高兴,等咱们见面再具体讲,好不好? 我太在乎你了,看不见你的脸或者没有跟你在一起的时候,我没有办法聊这些。"当然,有的时候我们会因为一些原因不能见面,比如新冠疫情。但是哪怕是这些时候,你也可以选择用 Zoom 或 Face Time 来个视频通话,告诉他:"谢谢你告诉我你的感受,我想在 Zoom 上看着你的脸和你说话。今天晚上可以吗?"这么做也是对你们关系的尊重。

共识 12:我同意学习如何有效地修复关系和重建联系

如果我们之间有人疏远了、沉默了,我要知道自己有责任去修复关系中的裂痕,我要承认自己的错误、认真倾听、了解对方的想法,这些都能帮助我重建联系。我明白冲突是不可避免的,所以我要学会如何应对冲突,重归于好。对于我们的人生来说,达成这个共识非常重要。

破坏共识

不管我们怎么努力,有的时候还是会有意无意地破坏两个人好不容易达成的共识。想一想,无论是小时候作为孩子还是长大后作为父母,你曾这样过多少次? 如果你们之间的共识被破坏了,就把它当作一个练习书中讲的技巧的机会。不过,共识被破坏代表着你们之间还存在没有解决的问题。通常情况下,破坏共识的人都是无意为之的。如果深入剖析就会发现，我们之前讲到的 5 种冲突中可能有一种或者好几种，正困扰着他们。

娜塔莉亚和萨米是一对同性恋人，两个人已经在一起很久了。但是，娜塔莉亚总是在社交网站上和其他女性火热地调情，因此两个人因为信任和共识被破坏的问题反复争吵，最后找到了我。我帮助她们认识到，娜塔莉亚对自己的伴侣有很大的怨气，因为萨米不想要孩子。现在的娜塔莉亚已经四十好几岁了，还没有孩子，因此她埋怨萨米没能给她一个完整的家。尽管这样，娜塔莉亚并没有离开这段关系、离开萨米，而是放弃了要孩子的想法。娜塔莉亚也很努力地想要放下心结，不再为这个事情争吵。但是实际上，她并没有做到。娜塔莉亚在伤痛、愤怒和怨气的驱使下，不自控地一遍遍破坏着两个人之间达成的共识。

好在，后来她们两个坦诚相待，剥开表面争吵的原因，去探寻冲突的根源，才发现这和破坏共识或者与其他人调情都没有关系。娜塔莉亚开始正视自己心中的怨气，和萨米一起努力，就如何应对这些怨气达成了新的共识。这回，娜塔莉亚真正放下了心中生孩子的执念，不再纠结。

所以，在重要关系中提前达成共识真的十分重要。你会发现，通过这个方式，你们的人际关系会变得更加明朗，相互之间也会更信任对方。最重要的是，双方达成的共识能帮助你们应对关系中经常会出现的冲突，并将冲突归零。

行动步骤

1. 想一想，你在哪段重要关系中提前和对方达成了共识。选择本章中讲到的三个共识，和对方谈一谈。尽量在对话中保持开放，看看你是否能和对方至少达成一个共识。

2. 选择回答：如果你在之前的关系中达成过某些共识，请反思一下你跟这个人达成的这些共识，并说说做到这些共识的困难之处在哪里？或者它们有没有帮助你们解决冲突？为什么？

3. 敞开心扉，把刚才的答案分享给一位密友。记住，如果你想要更亲密、更美好的关系，就一定要把你从达成共识中学到的东西和对方分享。

第 16 章

如何解决价值观差异这个问题？

你能得到生活中你想要的任何东西，只要你愿意协助别人获得他们想要的东西。

——金克拉（Zig Ziglar）

多年前，我在户外拓展训练学校当教练，带领青少年和年轻人背着背包到缅因州的荒野里露营、划独木舟，一次户外拓展训练大约是 14 天到 24 天。每一次，我都会和一名助教共同带领团队，以防旅途中有什么不测，另一个人可以接替上来。要知道，两个在价值观和个性方面都不一样的人共同分享领导权，并不是件简单的事情。

其中，对我来说最难的一次旅行莫过于有一年 9 月底和丹妮尔一起带领的 20 天户外拓展训练。训练的第一天就刮起了罕见的风暴，接下来的 3 天一直是大雨滂沱。我们除了睡袋以外，所有的行李、衣服都湿透了。而本来要划独木舟的那条小河有一段特别浅，我们不得不拖着自己的独木舟走好几千米。但是在极端的天气下，不到 24 小时，这条小河的水势就猛涨了近两米，变成了一条巨大的河流。当时的我们还不知道，一场洪水将席卷缅因州。学员们又湿又冷，其中一人体温过低，我们需要赶快带他离开。如此艰难的旅程让大家瞬间团结到了一起，但是我和丹妮尔却没有。

我和丹妮尔有点水火不容的架势。我们带领团队的风格相差很大，从如何教学员划独木舟、打包行李、野外做饭，到如何以及何时跟他们讲授野外生存技巧，我们俩都不能达成一致。因此，在训练的过程中，我们的关系变得越来越差。这和下大雨、遇洪水或者气温低都没有关系，而是因为我无法处理与丹妮尔的关系中的压力。毕竟，我俩的价值观相悖，根本没有什么共同点。更何况，我没有那么宽广的心胸可以接纳她，也不懂那些能让我们更好地合作的技巧。

那我是怎么解决这个问题的呢？当然是用我当时惯用的伎俩：试着去改变她，让她按照我的方法来，以找回自己对全局的掌控权。在某种程度上，丹妮尔接受了我的一些想法，看上去似乎我赢了，但是这一切都是有代价的。每天我俩都会发生一些小冲突，最后都是她听我的，没有一次是我们两人真正达成共识，也没一次我们中有人主动去修复彼此的关系。在为期 20天的训练快结束的时候，我俩几乎连话也不跟双方说了。试想一下，要是你在荒野中待了 20 天，和你一起带队的人还是个关系不好的，那多难受！在这种状态下，我们能教会那些孩子什么呢？我们自己都合作不好，又怎么教会学员具备团队精神呢？

正如我之前讲到的，很多时候，人们之间的冲突和争吵都是不同的价值观引起的，因为这感觉就像我们在为自己的价值观而战。但是，价值观差异带来的冲突往往是最难化解的，有些人永远没有办法做到将这类冲突归零。毕竟，我们都倾向于维护、坚持、捍卫自己最珍视的价值观，当别人威胁到它们的时候，我们就会不自觉地装腔作势、崩溃自闭、努力挽回或者闪躲回避，但是这样反而会引发更多的冲突。当一个人的价值观遭到否认的时候，就像是这个人的核心自我感觉受到了冲击，得不到对方的尊重和认可，所以价值观差异带来的冲突往往很难解决。

我们都知道，当一个人无法得到认可的时候会感觉相当沮丧。可以说，价值观差异引发的冲突仿佛是一种人身侮辱，直击我们的内心。长此以往，我们只能有两种选择，奋起反抗，或者伪装成对方期望的样子（伪装的自我）。在关系中，我们经常会犯我在和丹妮尔的关系中犯过的错误，以为只要对方按照我们的想法来，或者对方更像我们，冲突就能奇迹般地消失，我们之间的关系就能变好，生活也能一帆风顺。但事实上呢？丹妮尔当时真的很努力地在避免我们之间的冲突，并试图通过保持沉默来安抚我，但这其实更激怒了我。在她这么做的时候，她放弃了自己的价值观，被迫按照我的想法来，这让她更加讨厌我。而我也更加讨厌她，因为我需要的是一个可以和我一起带领学员的伙伴，可她却选择不再发声了。可惜当时的我并没有意识到这一点，我只知道自己在整个旅程中都很生气，然后把这一切都归咎到丹妮尔的身上，认为是她让我有这种感觉的。

维护和捍卫自己真正的价值观，对实现我们的人生至关重要，对我们的重要关系也同样重要。在这些关系中，我们要抱着开放的心态，学习如何与价值观和自己不同的人相处，因为每个人的价值观都很重要。这也是我们要对三方负责的原因。再回想那次户外拓展训练，我只想坚持自己的价值观，却没有给丹妮尔的价值观留下任何实现的空间。

那么，当我们觉得必须妥协自己的核心价值观或信念时，

要怎么做呢? 如果我们与对方本质上是两个完全不一样的人,
要如何实现冲突归零呢? 当我们与对方的价值观不同, 要如何
达成共识, 找到解决方案呢? 要想应对价值观差异引发的冲突,
你要足够成熟。这样你才可以像一个经验丰富的外交官一样,
接受和自己拥有不同价值观的人, 跟对方达成共识, 为你们彼
此的不同而欢呼, 并一起取得更大的成就。当然, 有的时候我
们会发现自己和对方的价值观相差实在太多, 在这种情况下,
也许是时候放下这段关系了。不管如何, 我们都要想明白: 我要
怎样才能做真实的自己, 在遵循自己的价值观的同时尊重对方
的价值观? 要怎样才能学会和对方一起合作, 以便双方都能在
这段关系中收获自己想要的结果?

不管你在第 2 章的冲突表中写的是谁, 你们都有着不同的
关系脚本。随着时间的推移, 每个人的关系脚本都会受到个人
价值观的影响。当两种不同的价值观发生冲突时, 你们关系的
小船就不能平稳地在海上并肩前行了, 会相互碰撞。这时, 你
不仅要经历外部的冲突和错位, 还要应对自己内心冲突所带来
的进展和困惑。面对内外冲突的夹击, 你很容易就会忘了当初
与对方结伴而行的初心。

价值观差异会体现在方方面面, 你想往北走而他想往西走,
或者你想一起谈谈冲突中的挑战而他却不愿意。唉! 总之你们
会认为自己被对方评判、批评、冷落甚至攻击了。试想一下,
在汪洋大海之中, 你们的船明明绑在一起, 却不能共享资源,
你们不知道自己为什么在那里, 也不知道要往哪里走, 这种感
觉真是糟透了! 我一直很不理解, 为什么很多人明明在乎某段

关系，却不愿意沟通，也不去解决彼此价值观方面的差异。我和丹妮尔只这样在一起相处 20 天，就已经受不了了，很多人却要在这样的关系中被困几个月甚至几年。

说来奇怪，如果你学会了如何利用价值观差异，价值观差异就能为你创造巨大的优势。[1] 但是如果你不会好好利用价值观差异，你们的关系可能会越来越糟，你们的价值观差异还可能变成你们之间难以逾越的鸿沟。不妨想想那些在比赛中获胜的团队都有什么特点。如果团队中每个人都一样，就无法碰撞出成功的火花。要想赢，就必须学会接纳个体间的差异，发挥各自的优势，并找到与那些不好相处的队友相处的方式。

回想一下你最喜欢的乐队、球队，或者自己为期最长的团队经历，你就会发现，是个体的差异带来了成功，千篇一律只会让团队止步不前。然后再想想，上一次你要求别人和你一样是什么时候的事。可能就是这周，尤其是如果你已经为人父母了。但是这么做结果真的如你所愿了吗？

面对不同的价值观，你可以不认同，但是一定要尊重。毕竟，每个人都有权利选择自己的价值观。如果我们能够尊重这些差异，就能学会爱和接纳别人本来的样子。当然，尊重不同的价值观，并不是说要和对方一直保持亲密的关系。而当你尊重对方的价值观，不刻意去改变他们的时候，才能真正学会放开，也让自己自由。

我们在第 13 章已经讲过最常见的价值观差异。下面我们一

---

[1] 我直到结婚后才学会如何在重要关系中相互合作。

起来回顾一下，这些差异包括：

◆ 精神或宗教信仰不同。

◆ 文化、种族、民族、风俗、传统不同。

◆ 成长型思维与固定型思维。

◆ 花钱与存钱。

◆ 沉迷烟酒与远离烟酒。

◆ 政治立场和意识形态不同。

◆ 结婚还是不婚主义。

◆ 一夫一妻制还是开放式婚姻。

◆ 生活在城市还是乡村，靠着大海还是青山。

◆ 要孩子还是丁克。如何养育孩子。育儿哲学。孩子上公立学校还是私立学校。

　　那么，我们要怎么做才能达成共识，解决价值观差异带来的冲突呢？下面的 6 个步骤可以帮助我们更好地解决价值观差异这个问题。

应对价值观差异的 6 个步骤

第 1 步：了解自己和自己的价值观

　　冲突能帮你找到自己的立场。因为当面对巨大的压力时，你会将那个压抑了许久的真实自我释放出来，你的关系脚本以及内心最真实的想法都会随之浮出水面。如果你逃避或否定自己真实的想法，按照别人的定义生活，就会一直停留在以前的旧模式中，你的冲突也无法化解。你要允许冲突帮助你了解真实的自己以及自己的立场，这也是我们欢迎冲突的原因。你可以使用第 8 章的指南针练习来明确自己的价值观，并找到与你有冲突的人在价值观上和你的差异究竟在哪里。

第 2 步：了解对方的价值观

对照自己在冲突表中写下的名字，仔细思考：他最崇尚的价值观是什么？可以根据他平日的行为举止大胆推测一下。当然，这么做的前提是你们认识足够久了，你对这个人已经有了一定的了解，并且你们的关系非比寻常。这样的人，你应该知道是什么让他这么做的。

把你们的价值观金字塔都画下来，通过对比，就可以看出你们之间的价值观到底有哪些不同。比如他在乎钱，而你没那么在乎。他想要孩子，而你还没有做好这方面的准备。他想让宠物狗上床，而你接受不了。你遇到问题喜欢都说开并解决掉，而他遇到问题喜欢自己待一会儿。你注重健康和养生，而他不是。你很守时，而他没有时间观念。这些都是价值观方面的差异。

接下来，想一想是什么让对方产生这些想法和态度的，把你想到的写在价值观金字塔的纵轴上。如果你并不了解到底是什么驱动着对方，那就试着猜一下。可以参考下图画出双方的价值观金字塔。

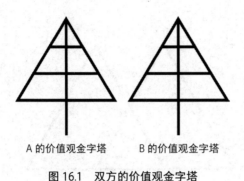

A 的价值观金字塔　　　B 的价值观金字塔

图 16.1　双方的价值观金字塔

第 3 步: 接受双方价值观存在差异这个事实

虽然价值观会随着时间的推移有所改变,但这并不能保证我们的价值观会和对方的价值观变得一样。举个例子,虽然父母双方在教育孩子的时候观念会不断改变,但是两个人的育儿方式还是会有差异。世界上没有同样的两片叶子,也没有两个人拥有完全一样的价值观金字塔。哪怕两个人的价值观大致相符,细节上也肯定会有所不同。在重要关系中,我们越早接受对方与自己拥有不同的价值观这一事实,越能让这段关系长久。

第 4 步: 找到你们共同的价值观,并把它们写下来

接下来,画两个相互重叠的价值观金字塔,如图 16.2 所示。一个代表你的价值观,一个代表对方的价值观。两个金字塔重叠的三角区是你们共同的价值观。这代表你们在价值观方面的共识,在这个区域,写下你们相同的想法和观念。

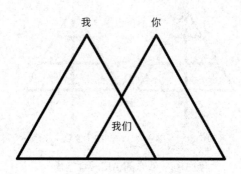

图 16.2　共同的价值观

通过这个图，你们价值观的共同点和不同点就变得一目了然了。接下来，就可以对你们共同的价值观进行评估，看一看这些能不能帮助你们达成共识、维系关系。[1]在这里我需要指出，共同的价值观多并不代表这段关系会变得更好。但是，如果共同的价值观很少甚至没有，那就意味着你们的关系根基不稳，没有足够的"黏合剂"，容易磕磕碰碰。对于那些我们不那么在意的人，和他们没有足够多共同的价值观似乎并不会影响什么。可是在重要关系中，不能没有共同的价值观。

在那些重要关系中，双方一定是有某些一致的地方，才能走到一起。因此，这些相互重叠的价值观就相当于你们关系的黏合剂，能在关键时刻帮助你们的这段关系渡过难关。是这些共同的价值观，给你们的关系立下了共同的愿景，让你们可以

---

[1] 当你能感受到自己的内心时再做这个练习。为什么？如果你现在与自己的内心断开联系，压力又很大，你内心的"惊弓之鸟"就会把这张图画得总是差异多于相似、负面多于正面。

朝着同一个目标和方向结伴前行。

举个例子，一起做生意的两个人绝对不是随机组合到一起的，而是从一开始就有着共同的价值观。这样一来，哪怕商海电闪雷鸣，这些价值观也能将他们的船联结在一起。在婚姻中、团队中，也是这个道理。

第 5 步：想办法达成共识

你需要和你想要与之达成共识的人合作，才能完成这个步骤的练习。当然，你也可以自己回答这些问题。但是如果没有对方的参与，你的答案很可能会有局限性。

如图 16.2，在一张纸上重新画出你们共同的价值观。这一次可以画大一点，方便留出空间回答下面的问题。这些问题能帮助你了解你们之间有多少共识：

◆ 我们为什么会在这段关系中？

◆ 我们在一起要做什么？我们的立场是什么？

◆ 我们的关系将走向哪里？

◆ 我们怎么做才能让关系朝着那个方向发展？

这些问题能帮助我们找到这段关系的基调和初心。请深入思考这些问题。在你们双方一起做这个练习、回答上述 4 个问题的过程中，气氛可能会变得紧张起来，甚至可能会发生些许冲突。但不管怎么说，你们都需要经历这个过程。合作总是比我行我素要难一些，所以提前做好心理准备。不敢问自己的伴侣或团队成员这些问题，是对这段关系的未来不负责任的表现。这种做法只会让"惊弓之鸟"占了上风。

如果你们之间有足够的共识，就会特别愿意一起探讨这些问题，然后相互分享自己的答案。相反，如果你们不能达成共识，往往意味着在这段关系中有一些你们都不想去面对的想法或消极的事情。如果在做这个练习的过程中，你的朋友或者伴侣只是被动地附和你，不用心回答问题，那么最后不仅无法取得预期的效果，反而会影响你们之间的关系。

记住，两个人之间的价值观差异越大，越需要根据马上要讲到的第 6 步进行协商才能达成共识。如果你们的价值观没有明显的重叠，上面的问题也让你一时想不到答案，那么在你面前有两个选择：一是一起沟通、畅所欲言，虽然可能会有些难，但是能帮助你们达成共识；二是如果对方不愿意协商，只能跳过这一步。如果对方不愿意与你见面或者一起做这个练习，那么你再怎么努力也不可能靠着自己这一方的力量达成共识。不要浪费时间做无用功。

在重要关系中，一旦发生冲突，首先一定要搞清楚冲突的类型（详见第 13 章）。你可以用上面的 4 个问题来判断你们之间的冲突是不是由价值观差异引起的。如果你们在这些问题上能达成共识，那么冲突可能另有原因。

第 6 步：看看价值观差异是如何服务于你们三方的

回答了上一步的 4 个问题后，我们就可以进一步审视两个人之间的价值观差异了。如果你们之间的价值观差异对对方有好处但是对你没好处，那么对你们的关系就没啥好处。反过来，如果你们之间的价值观差异对对方没好处但是对你有好处，那么对你们的关系也没啥好处。你们之间的价值观差异必须对你、对方和你们之间的关系这三方都有好处。你们双方都要去思考，彼此的价值观是如何帮助你们之间的关系的。

把你们的价值观连起来，看看你们的价值观差异是如何服务于你、对方和你们之间的关系的。这就好比用更多的绳索将你们各自的小船绑起来，会使你们之间的关系更牢固。你们的价值观差异要能服务于双方各自的价值观以及共同的价值观。不管你做什么，都要思考你们各自的价值观能不能帮助你们双方。如果你看不出这对你俩有什么好处，你们就不会在一起或达成共识。

朗达多年以来一直在抱怨，在她看来，戴夫没有为他们的感情做过一点努力。朗达费尽心思想让戴夫去进行心理咨询，或者看看书、听听播客，但是戴夫无动于衷。戴夫是个工程师，也是个工作狂，非常热爱他的工作。他在一家不错的公司工作，拿着令人羡慕的薪水，并且工作非常自由。但是，在戴夫的世界中，关系不是一件特别靠谱的事情。这和他的关系脚本有关，因为从小戴夫的父母就很少陪他，每次父母争吵，都会相互指责、推卸责任。从小的成长环境让戴夫深信，没有什么比孑然一身更好的了。

而朗达呢？她的父母酗酒，她从小就没有得到过持续的关爱。每当她的妈妈喝得酩酊大醉，朗达都会感到很焦虑、很孤独。而当妈妈清醒的时候，又是个慈爱的好母亲，大部分时间都会陪在朗达身边，也能满足朗达的所有关系需求。正因为朗达与妈妈的这种依恋模式，朗达比戴夫更注重人际关系。由于彼此的成长环境不同，每当戴夫有压力的时候总会选择独处（远离），而朗达正好相反，越是有压力越是需要对方的陪伴（靠近）。

这对夫妻在他们的价值观金字塔上有两项交集——孩子和旅行，但是他们从来没有细想过上一步的 4 个问题。只要带孩子去旅行，一家人就看上去岁月静好。但是他们两个人的关系没有明确的发展方向，并且随着孩子越来越大，他们之间的问题也暴露无遗。10 年来，虽然两人没有发生明显的冲突，但朗达一直在尽力改变戴夫。在她看来，只要戴夫能够更多地去表达自己的情绪和想法，他就会更开心，而朗达自己也会感觉到更多对方的爱和彼此的联系。

尽管朗达的想法可能没错，但是她选错了方法。她让戴夫觉得妻子是在批评自己，于是更加封闭自己，没事就躲去车库里锯木头、做木工。戴夫只有自己一个人在车库时才能放松下来，但是独自一人的朗达却极度焦虑和不安。两个人都没有发现，这是一个典型的依恋模式，也是长期关系中非常常见的一种困境。

当夫妻俩找到我的时候，朗达几乎准备放弃这段感情了。我首先帮助他们认识到他们两个人之间的依恋模式（一方努力挽回，另一方闪躲回避）是正常的。接着，我让他们两个人看看彼此的价值观将如何帮助他们得到更多他们想要的东西。然后，我又帮他们学会了如何从对方的价值观出发进行沟通

（如图 16.3）。

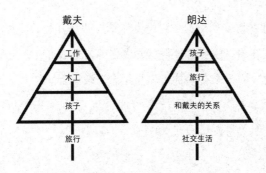

图 16.3　戴夫和朗达的价值观金字塔

一开始，朗达觉得这么沟通也不会有什么用，不过她还是按照我说的做了。不到一个小时，我就让戴夫认识到朗达和他之间的亲密关系的重要性，并且朗达的社交生活能帮助他涨工资——因为朗达出去社交可以让他有更多时间专注于工作和在车库做木工。与此同时，我也让朗达明白了，让戴夫有更多的时间工作，其实对他们的感情也有好处。为什么这么说呢？因为这样戴夫就不用刻意避开自己的妻子了。来自朗达的焦虑和压力的减少，给了戴夫更多的空间去学习怎么和自己的妻子沟通。最后，戴夫终于认识到，自己因为逃避学习如何更好地与妻子沟通而造成了两个人之间更多的冲突，这也占据了他更多的个人时间。换句话说，学习如何和妻子沟通反而让他有更多的时间去做木工。这样，戴夫就不再那么暴躁了，也能给予朗达想要的爱和关怀。因此，两个人的心情都明朗了起来。

我让戴夫和朗达一起完成了下面的练习。①

1. 对方最重要的价值观能为你带来什么好处，写出 20 个。
2. 对方第二重要的价值观能为你带来什么好处，写出 20 个。
3. 对方第三重要的价值观能为你带来什么好处，写出 20 个。
4. 附加练习：如果对方和你的价值观完全一样，会给你带来什么坏处，写出 20 个。

通过这个练习，你们的小船能够更加牢固地绑在一起，这样再大的风浪来了，也不用害怕。你也可以放下找一个和自己价值观完全一样的人在一起的执念，因为你知道这也没什么好的。记住，不管你和谁结伴同行，不管你们的价值观多么相似，你们的关系之旅总会有风浪出现。

紧接着，我让朗达和戴夫学习如何从对方的价值观出发，换一个角度沟通。比如，我让朗达不再说"戴夫，我希望能感受到你更多的爱，这样我才能安心"，而是让朗达试着说"戴夫，我想帮你，让你能更专注地工作，也有更多时间去做你喜欢的木工。因为我觉得如果我们彼此的状态改善了、关系变得更加亲密了，那么不论是在工作上还是休闲的时间里，我们都会更舒心。我甚至相信，你在单位能做个更好的管理者，因为你将能够处理更大的冲突。这样一来，你们团队的业绩上去了，说不定你赚的钱也就更多了"。

---

① 这个练习是约翰·德马蒂尼博士那个练习的改良版。

同时，我告诉戴夫，不能总是和朗达说他想要更多独处的时间，而是站在对方的角度去跟妻子争取独处的时间："朗达，我陪你一起去散散步、聊聊天，然后晚点你让我专心做会儿木工，可以吗？"

也可能你的关系脚本让你不太需要从对方的价值观出发来与对方沟通。举个例子，如果你总是为对方考虑，那么接下来就应该多关注自己，让对方知道他的一言一行给你带来的影响。如果你不太会表达自己的感受，就可以回顾一下第 12 章介绍的工具，把别人对你造成的影响说出来。

捍卫你的价值观

记住，当一个人极力维护自己的价值观时，是因为他觉得自己的价值观没有得到理解或认同。一旦感受到他人对自己的价值观的理解或认同，他就能放松下来，慢慢接受别人不同的价值观。太多的关系走到尽头都是因为当事人不够成熟、不懂变通，总是放大两个人价值观方面的差异甚至认为彼此的价值观是不能兼容的，不停地暗示自己"我们这样肯定走不下去"。这个时候的你通常会执着于自己的立场，把希望寄托于对方身上，等着他的认同和支持。其实，不管是爱情还是友情，你都不该咬着自己的价值观不放，拼死捍卫，却忽略了对方，忽略了你们之间的感情。

在缅因州的那次户外拓展训练中，如果丹妮尔为自己的价值观和我争论，对她来说会更好，但最终我们在教学理念上还是无法达成共识，只有当我也跟着变通，接受她的价值观，改变以自己为中心的做法，一切才能往好的方向发展。也就是说，如果我们都能对三方负责，并通过我们的冲突找到两个人的共同点，我们的关系才有可能得到改善，学生们才有可能看到完美配合的教练二人组。

要想就价值观差异进行沟通，首先我们需要用到之前讲的倾听工具（LUFU 法——一直倾听，直到对方感觉自己真的被理解了），然后再用第 12 章讲到的表达工具（SHORE 法——以坦诚的态度承认自己的错误，以共情的方式修复彼此的感情）。如果沟通不畅，一定要记得要用对方能理解的方式说话，说简单点就是从对方的价值观出发进行沟通。

合作、分享、谈判、共享资源、不那么坚持自己的信念都有可能让我们身心疲惫，而自顾自地做事则简单多了。合作远比单打独斗复杂得多，因为这需要我们掌握更多经营人际关系的技巧，成为一个更加包容的人。和谐、持久的关系需要双方拥有共同的价值观，也需要不同的价值观，二者缺一不可。说句实话，我和妻子在价值观方面的差异有时让我很是头疼，但正是处理这些差异的行为帮助我们成了更好的人、更好的伴侣和队友。

每个人的价值观金字塔都不同，有时候天差地别。差异本身不是问题，问题是我们在差异中缺乏理解、不会沟通。如果你到现在还不明白这些，只是不停地要求对方变成另一个人，你们的关系就会陷入无限的恶性循环之中，而对方也会把你的反应误会成对他的批评和指责，让他觉得真实的自己不被爱。

这听上去是不是就是你的成长过程？扪心自问，你真的希望伴侣在你面前把真实的自己伪装起来去迎合你的标准吗？还是接受真实的对方，为对方真实的自我喝彩，让自己更有力量呢？这不正是你梦寐以求的关系——一段让你可以无拘无束地痛快做自己的关系吗？

行动步骤

1. 回忆一下你因为价值观不同和别人产生的冲突。回顾过去，结合这一章学到的内容，你会有什么不同的处理方式？请写下来。

2. 按照上面的 6 个步骤，找一个和你存在价值观差异的人，试着让你们在价值观方面达成共识。如果对方没空，就先自己一个人做这个练习，然后找一个愿意和你一起做这个练习的朋友。你必须学会如何执行这些步骤。你可以先在那些不是十分重要的关系中开始练习，感受一下在不同的价值观中看见差异、维持联系是什么感觉。

3. 和伴侣一起做我让戴夫和朗达做的练习：列出不同价值观的 20 个好处和相同价值观的 20 个坏处，本着对自己、对对方、对关系负责的态度，从对方的价值观出发，深入沟通。

4. 和自己的互助伙伴分享上述 3 个步骤的实践心得（记住，这是一本关于关系的书，一定要找人分享）。

第 17 章

如果冲突无法归零

童年时期极力回避痛苦和冲突的孩子成年后更有可能遭受疾病的困扰。

——加博尔·马泰

想一想你在冲突表中写下的那个人，当你回忆起他的名字、他的脸时，你有什么感觉？现在你与他的关系怎么样了？如果你们之间的关系还不是零冲突状态，那你还有很多工作要做。我想，不管是哪种关系，如果你认定了，就要学着和他一起用书中的方法解决你们之间的冲突（这也应该是你们非常重要的一个共同的价值观）。好的关系就是，双方都能有所成长，并做对双方都有利的选择，而不是只考虑一个人。要想在关系中取得好的结果，就一定要为三方考虑、对三方负责。

现在的你正逐渐成为一个关系领导者，你知道怎样从受害者之谷中跳出来，让自己成为谱写者。与此同时，你深知很可能明天、下周或者下个月，生活的巨浪又会把你卷入受害者之谷中，但是现在的你已经知道如何重新走出来、如何修复冲突了。这就好比一场修行，你将在这个过程中被赋予应对冲突、痛苦和生活中的问题的动力。哪怕对方没有出现，你还是可以做你们关系的领导者。

如果对方不愿意和你一起应对冲突怎么办?

如果对方不愿意和你一起努力解决冲突,那该怎么办呢?这个问题确实比较棘手。人类是一颗难啃的坚果。不知道你是否和我一样,痛苦是驱使我做出改变的最大动力。我想,也许你也是为了终结痛苦才来读这本书的。为了不再痛苦,你必须寻找不一样的结果。但是,如果对方特别倔强、抵触,不愿意学习书中的内容,也不想和你一起合作解决冲突,那么他可能还没有经历足够多的痛苦。还记得吗?我之前讲过,在遇到我妻子之前的每一段感情经历中,我都是那个倔强又不配合的人,完全没有任何想要改变的动力。直到痛苦让我难以承受,我才走上了改变的道路。

试着通过改变对方来将冲突归零

如果对方不愿意妥协,你也不要轻言放弃这段关系,不妨再仔细想想。如果对方真的不愿和你一起解决冲突,不配合也不合作,你可以跳过这一部分,直接去看本章"如果对方拒绝改变"这一节的内容。

试着改变对方,是我看到的人们在应对冲突和艰难的对话时最常用的策略。人们采用这种"由外而内"的方法是可以理解的,我们也都曾尝试过。回想一下,有多少次你对与你有冲突的人说"如果你能……这一切就简单多了"。

一般来说,要求某人改变自己的价值观或他们本来的样子不是什么好法子。特别是如果他们不想对三方负责的话,你的这种做法不仅得不到想要的结果，还很可能让矛盾之火蔓延开来。就算他们在你的坚持下不得已做出了改变，这种改变也是短暂的，因为他们是为你而改变，而不是为了他们自己。

那么，是不是不能要求对方改变他们的行为呢？这倒不是，你可以提出这样的要求，但前提是你这么做不仅是为了自己，也要让他们看到改变给他们带来的好处。不妨回顾一下第 12 章的 SHORE 法（以坦诚的态度承认自己的错误，以共情的方式修复彼此的感情），还有上一章的第 6 步：要求对方改变的前提是这个改变对你们都有好处，所以你才会提出来。你邀请对方和你一起学习、成长，因为你认为这样对你们的关系更好，对你们双方都更好，而不仅仅是对你或者对对方更好。

但是，不管你尝试哪种方法要求对方做出改变，都要注意以下几点：

◆ **带头改变。** 要对方改变，你自己就要先改变。如果你真的觉得改变特别好，想要对方成长和进步，就要身体力行，起到模范带头作用，他们自然而然会加入你。

◆ **注意态度。** 你是抱着一种居高临下、颐指气使的态度还是一种客观的态度，以寻求双赢的局面？

◆ **认清要求。** 当一个人被要求做出改变的时候，通常都会觉得自己受到了批评，好像哪里做得不对。

◆ **控制情绪。** 你现在有没有怨恨对方？如果你有这种情绪，那么你提出的要求很可能也带有同样的情绪，对方自然难以接受。

◆ **保持开明。**要有一颗开明的心，不要强求对方按照自己的想法来，也不要执着于让他变得不一样。

◆ **考虑后果。**事先一定要明白，你们的关系可能会中断，你又会回到孤身一人的状态。如果真的这样，你要能接受这个现实。考虑好你是否真的可以为了自己想要的孤注一掷，哪怕牺牲你们的关系也在所不惜。

◆ **审视初衷。**如果你的初衷是让你、对方和你们的关系都变得更好，就必须想办法更好地沟通，让对方看到改变带来的好处。如果你不能很好地与对方沟通，他们也看不到这么做的价值，自然是白费功夫。

在友情、爱情这一类关系中，双方应该是平等的，所以改变行为的要求更加复杂。举个例子，如果你和朋友发生了冲突，那么谁主导对话以及彼此的界限、期望和希望达成的共识是什么可能会比较难把握。但是在上下级关系中，上级要求下级改变他们的行为就好办多了，因为这是工作环境赋予他们的权力。但是不管是哪种关系，要求对方改变都是困难的，要做好会引发冲突的准备。

杰西和帕特里克在一起两年了，帕特里克希望杰西能和他一样，成为一个素食主义者。因为在他看来，自己的饮食方式更健康。杰西很爱帕德里克，她没有多加考虑就同意了帕特里克的要求。就这样，她按照帕德里克的要求坚持吃了一年的素食。但是在这一年里，他们所有的争论和冲突都离不开"吃"这件事（从根本上讲，两个人的冲突是不同的价值观引起的）。

在帕特里克看来，能跟他一起吃素食的伴侣更加适合自己，如果杰西可以改变，那么他们的感情肯定会更好。而杰西呢，她以为听了帕特里克的话，两个人就能更加亲密，她就能更被接受并收获她长久以来一直渴望的爱情。但是慢慢地，两个人的性生活变少了，因为她的心对他关闭了，有些东西出了问题。他们找到我，和我一起踏上了冲突归零的旅程。一开始的时候，杰西认为他们两个人只是不太会应对冲突。但是后来她很快意识到，他们之间的问题有着更深层次的原因——她为了得到想要的爱，背叛了真实的自己。

当杰西认识到内心的冲突、冲突蔓延、价值观和怨恨时，她开始为自己争取。这种突然的转变自然引发了两个人之间更多的矛盾，帕特里克甚至认为，他们两个人之间之所以会有这么多问题，都是因为杰西。他仍然认为，如果杰西可以坚持素食主义，两个人的生活会好很多，全然不知杰西为了迎合他的生活方式，内心已经产生了极大的怨恨。

尽管我尽了最大努力教杰西站在帕特里克的角度，从他的价值观出发，和他沟通。但是帕特里克还是坚持让杰西继续素食主义的生活方式，这让两个人之间的裂痕越来越大。杰西在为自己争取时，确实引发了更多的冲突（还记得我们之前讲过的选项 C 吗？），好在这平息了她内心的冲突，杰西决定不再为了得到帕特里克的爱和认可去伪装自己。在我的帮助下，杰西最后离开了帕特里克，毅然决然地走出了这段不适合的感情。

这个例子听上去有点极端，但是这样的事情比比皆是。帕特里克确实可以要求自己的恋人改变，但是他却用错了方式，埋下了冲突的种子。记住，我们的确可以要求对方做出一些改变，特别是当我们的要求是有理有据、合情合理、可以施行并且对两个人的关系有好处的时候。

下面我们一起来看看如何有技巧地帮助对方做出改变。千万不要忘了，这个方法有利有弊，当对方不愿意为之付出努力的时候，也要及时放手，离开不适合自己的关系。

明确期望

首先，你需要仔细想一想你对对方的期望。你对他们到底有什么期望？诚实作答，把你的答案写下来：

我希望＿＿＿＿＿＿（人名）能够＿＿＿＿＿＿（行为 / 行动）。

如果你把写有对对方的期望的纸条递到对方的手里，他们会有什么反应？是欣然接受还是极力辩解？在前面的内容中，我讲过如何通过承认自己的期望来消除怨恨，因为很多时候怨恨是从期望中产生的。对自己在乎的人倾注太多期望，是件很危险的事情。但是，我们还是会对自己、对他人抱有各种期望。我希望孩子能做一些家务。我希望妻子能处理好自己情绪上、精神上的各种问题。我希望好朋友看到我的信息和留言就马上给我回复。我希望我的团队能更加努力，按时完成任务。当然对我自己，我也有着各种各样的希望。期望是人际关系的一部分。

如果你对对方抱有期望，就要开诚布公地让对方知道。一定要清楚、明确你的期望。在有依据、有共识的前提下，我们可以对对方有一些合理的期望。但是，绝对不能要求对方复刻你的价值观金字塔，或者遵循你的价值观。要求他人改变他们本来的样子，让他们不再做自己，那也是不行的。

合理的要求

在第 12 章的 SHORE 法中我们讲过，我们可以提出要求，让对方在允许的前提下做出合理的改变。确实，这样做很有可能刺激到对方，让他们把自己封闭起来。但这仅仅是一种可能而已。还有很大的可能是，看到你为自己发声，提出合理的、对三方都好的要求，他们会受到感染、欣然接受。

如果你们对现实有着一样的认知（达成共识），都认为某种行为对你们关系的发展更有利，那么提出相应的行为改变要求自然能取得更好的效果。合理的要求能帮助对方变得更好，让你们之间的配合更加默契，与此同时，他还是他自己，不需要按照你的想法刻意改变。所以，你提的要求必须合理，既可以操作又有现实意义。

选择相互结伴，意味着你怀揣着一颗包容的心，愿意接受对方的合理要求，因为你的世界不再是自己一个人，你不能再自己肆意妄为。爱情如此，友情如此，工作关系也是如此。还记得当初你们选择把船绑到一起结伴航行吗？那是你自己做出的决定。你选择对三方负责，而不是独自一人在海上漂泊，这就意味着你愿意在某种程度上低头、变通、成长，并适应结伴而行的状态。这不是想想就行了，在重要关系中，双方需要提前达成共识，营造出一种积极的氛围，让彼此对改变行为的合理要求都可以接受。

　　我们在要求对方做出行为改变的时候，有的事情可以做，有的事情不能做，具体的行为准则如下。记住，我们的要求必须能满足对方的 4 种关系需求——让对方获得安全感、关注、慰藉、支持和挑战——还要包容对方个性与行为之间的差异。

可以做的事：合理且现实的行为改变要求

　　下面列举的行为改变要求合理且现实，大多数人都能够接受。

- 帮忙做家务（洗衣服、接孩子、为家庭出一份力等）。
- 努力工作，分担经济负担，共渡难关。
- 寻求外界帮助（关系教练、心理医生、相关书籍）来解决关系中遇到的问题。
- 在合理的时间内回复信息。
- 留在关系里一起解决冲突。
- 参与训练，做好团队中的一员。
- 在讨论重要问题时放下手机。
- 在亲密、困难、严肃的交谈中保持眼神交流。
- 在你身边时少饮酒、不嗑药。
- 尊重你的边界。
- 尊重你说"不"的意愿。
- 愿意与你达成共识，特别是有关冲突的。
- 相互满足对方的 4 大关系需求。

不能做的事：改变对方个性的过分要求

　　面对下列要求，对方很可能会觉得你是在无理取闹。这样的要求会引发更多的冲突。

· 按你的生活方式和价值观生活。

· 健身、减肥或者增肥。

· 做出不现实或不可能的经济贡献。

· 关注学习和发展。

· 对方想丁克，你却想和他一起生孩子。

· 一起买房子。

· 存款放到一起。

· 戒掉自己沉迷的事物。

· 相信你所相信的。

　　上述所有不合理的要求都是在改变对方的本质。可行的要求通常都是让对方做出行为的改变，不可行的要求往往是去改变对方的个性。你可以提要求让对方改变行为，但是不能让对方改变个性。（记不记得我在第 12 章讲到的"对事不对人"？）所以，要想那些重要的关系走得更远，必须具备成长型思维。拥有成长型思维的人就像是一名学生，会为了让关系（彼此）变得更好而不断学习和改变。

　　当你的情绪平复下来之后，把自己对对方的要求列出来。你的要求一定要是合理的、可行的，不然的话不仅达不到预期的效果，还会适得其反。我孩子还小的时候，只要孩子去我父母那里，我和妻子就要求他们不能让孩子看电视，不能在孩子面前讨论那些暴力的、血腥的新闻。这么多年来，我的父母一直都尊重我们的要求，在这方面做得很好，这也许是因为我们的要求合情合理。

不可协商的需求

如果对方不愿按照你的要求去做，要么是因为你提出要求的方式欠佳，要么是因为对方不愿意改变，不管是何种原因，都要明确这个改变的要求对你来说到底有多重要。如果非常重要，比如你想要一夫一妻的关系，不能接受开放性婚姻，那么你的要求就是没有商量余地的。我把这一类要求统称为"不可协商的需求"（nonnegotiable need），因为只有满足了这些"需求"，我们的友情、爱情或者其他关系才能得以继续。

发生冲突后，我们往往很难承认自己会因为某些需求没有得到满足而缺乏安全感。因为在我们的文化中，似乎提出需求是件不好的事情，所以不管实际情况是什么样的，我们都不想承认我们需要什么，即使我们有这些需要。但是，就像小孩需要满足一些需求才能有安全感一样，大人也如此。记住，作为社会性哺乳动物，我们都有需求，这样才能保证我们的神经系统对威胁做出反应，不让内心的"惊弓之鸟"来驾驭我们的关系。

只有满足了 4 种基本的关系需求，有安全感、需求能得到关注、感情能得到慰藉，同时有人提供支持和挑战，我们才能安下心来、无拘无束、畅快表达，探索更属于自己的一方天地。在重要关系中，如果我们希望这段关系更长久、更牢固、更和谐，就必须满足彼此这 4 种关系需求。

要想冲突归零，可以先问问自己下面的问题，了解自己有哪些不可协商的需求：

"要想在冲突期间或冲突之后修复关系、重建联系，对方需要满足我的哪些需求？"

感受一下以下 4 种关系需求，看看哪一种对你来说是不能协商的。

- **有安全感**：我需要在身体上和情绪上都有安全感。
- **需求得到关注**：我需要得到认同和接纳。也许你有的时候还是会评判我，不能接受我的某些想法，但是整体上，你愿意接纳真实的我。
- **感情得到慰藉**：我心情低落的时候希望有人安慰我，我需要你和我一起修复关系，直到我们两个再次感到心情舒畅。
- **有人提供支持和挑战**：我需要你支持我、挑战我，让我成长为我自己，这样我才能继续表达我自己，做我自己。

上面的话，哪些和你的想法不谋而合？可以适当地改动一下，以找到自己不可协商的需求，然后勇敢起来，为自己发声。

付诸实践

随着学习的深入，希望你能把学到的知识运用到实践之中，在那些重要关系中，试着对三方负责，试着先考虑对方。举个例子，我的妻子可以向我提出合理的要求："杰森，我知道你特别忙，需要继续你的研究项目。但是你知道，厨房的卫生对我们一家都很重要，在干净的厨房里准备饭菜，我的心情也会变好。所以你能不能吃完饭后马上收拾餐具，并把它们放到洗碗机里或随手洗干净？"她还会和我说："你愿意想个一劳永逸的法子解决一下这个问题吗？我觉得这对我、你还有咱们的关系都有好处。"

诚实地问自己："我对他提出的要求是不是合理的？"一定要想清楚自己的期望、要求和不可协商的需求分别是什么，它们之间有什么不同。举个例子，我的朋友罗曼和史密斯合伙做生意，他要求史密斯和他一起参加关系辅导，以化解两个人在规划公司发展方向上因价值观差异带来的冲突。而史密斯也明白他们现在陷入了僵局，参加关系辅导对他们都有好处，于是同意了罗曼的要求。由此可见，罗曼的这个要求是合理的。

面对来找我进行心理辅导的夫妻，我总是鼓励他们尽量简化自己不可协商的需求。我没有请他们列出一大堆期望和需求，因为谁看到这些都会受不了的。我只是帮助他们去探索自己的 4 种关系需求，因为满足了这些基本需求，关系的根基才能稳固。与此同时，我们还要用合适的方式把自己的需求表达出来。大多数需求归根结底都逃不过 4 种关系需求：有安全感、需求能得到关注、感情能得到慰藉、有人提供支持和挑战。我的婚姻生活就满足了我们双方这 4 种关系需求，不然的话，我们早就分开了。面对前来咨询的父母，我也会跟他们反复强调：每一天都要满足孩子的这些需求。

就如我不断要求你们做的，请去了解自己的朋友，了解他们的价值观。千万别忘了想一想，他们最在乎的是什么？你提出的要求和需求如果不能帮他们得到他们想要的东西，自然得不到他们的配合。

如果对方拒绝改变

假设你提出的要求合情合理，或者用恰当的方式表达了自己不可协商的需求，但是对方还是不愿意配合你，那么是时候给自己点压力继续前行了，或者自己想办法解决冲突了。有的时候我们要学会放手，让对方离开我们的生活；有的时候我们要学会接受，接受对方退出我们的生活。

结束关系

有的时候，哪怕我们用尽全力，也还是不能将某段关系中的冲突归零。也许是因为对方没有学过书中的技巧，也许是因为对方根本不愿意做任何妥协。要知道，人这一生中，总会有人离开我们的生活，不管到底是什么原因导致的，当两个人的冲突不能解决的时候，让关系终结未尝不是一个好的选择。很多心理学家、咨询师和关系教练一致认为，当我们真的选择放手一段关系的时候，如果还有没有解决的问题或者没有解开的心结，那么它们很可能会影响我们接下来的关系。所以，我们更加有理由去自我救赎，解决问题。关于这部分的内容，我后面还会具体展开。

　　所以，你可能需要把这段关系暂时放一放，或者干脆终结这段关系。有些时候，终结一段关系可能会让人感觉很痛苦，但这主要取决于怎样结束这段关系。

　　短暂地分开或者"不联系"也许会很有帮助。比如，两个人分手之后暂时不联系，有时真的可以帮助双方修复自己内心的创伤，然后继续向前走。但是这一切取决于这段关系终结的方式。如果你选择这么做，一定要尊重对方，让对方明白你这么做的原因，知道你们暂时不联系的时间是多久。

　　我知道你还想保持联系，但是这现在对我来说是件很痛苦的事情。也许以后我会想跟你联系，但是现在我需要自己冷静一段时间。希望你尊重我的想法，暂时不要给我打电话，也不要给我发信息或者邮件。哪怕你联系我，我也不会回应你。在 Facebook 和其他社交平台上，我会暂时解除跟你的好友关系。这不是我不尊重你，而是我想尊重自己内心的想法。希望你能够理解，这是我现在需要做的。3 个月后，我会给你发邮件的。愿你一切安好。谢谢你的理解。

　　你觉得这段话很过分还是很贴心？注意一下你在说出这段话时是什么感受。事实上，这是你可以对对方说的最尊重、最充满爱的话之一，因为你用了最简单明了的方式，为自己不可协商的需求向对方提出了一个合理的要求，同时还设定了一个时间期限。如果平时你总是很关注别人的感受，下意识地忽略自己，不为自己挺身而出，也许你会觉得上面的话有些过分。但只要用心观察，你就会发现，这一切都源自你还不习惯为真实的自己发声，以及在和对方的冲突中不会表达自己的需求。

对于有着成长型思维的人来说，结束一段关系以及结束一段关系后的过渡期都是生活的一部分。这就好比孩子们升学或换学校，孩子们的经历一直在告诉我们如何在成长的过程中学会放手。如果你在成长，你就会超越身边的朋友和伙伴；如果你不成长，你就会被他们落下。这并不是在比较到底谁更好一些。只不过，一段关系是否能继续，取决于双方的价值观是否发生变化、彼此的核心价值观能否保持一致，以及双方愿不愿意学习如何应对冲突。价值观差异太大的人必定会越走越远。不要太过伤怀，人际关系就是这样来来去去的。

如何独自解决冲突？

如果别人刻意疏远你，和你断了联系，你感觉很难过、很受伤，你要怎么办呢？如果你在冲突表中写下的那个人去世了、离开了，或者不愿意再和你说话了，你要怎么办呢？被迫结束一段关系是件非常痛苦的事情，对方之所以会这么做，通常也是被逼无奈，别无选择。① 说来也许很难接受，但是如果有人因

---

① 要想进一步阅读有关断开联系的内容，我推荐卡尔·皮勒默（Karl Pillemer）的书《断层线》（*Fault Lines*），他在书中探讨了断开联系是多么令人倍感压力和痛苦，以及如何重建联系、彼此和解。

为你的价值观而刻意疏远你、离开你，只要你去真正了解这个人，了解他的身份、经历以及价值观，通常情况下你都可以理解他的决定。

上述情况确实会让我们感到绝望和无力。我能想象当一个人离开了或者去世了，却留下还没有解决的冲突，对另一个人来说是件多么令人难过的事。尽管很艰难，但是只要我们能挺过去，这些情况其实也是我们成长的机会。

多年以前，我曾经的一位密友突然冲我大发脾气，然后就在我的生活中消失了，不再和我联系。我记得当时的自己有多么迷茫，完全不知应该如何是好。连续几个月，他都不接我的电话，也不回我的信息和邮件。最后，我终于下定决心，不再费尽心思与他重建联系。有那么几年，这一直是我不能触碰的伤。我仿佛经历了精神病学家伊丽莎白·库伯勒-罗斯（Elisabeth Kübler-Ross）提出的著名的悲伤五阶段，从否认、愤怒、讨价还价、沮丧，到最后终于接受。[1] 不仅如此，重建联系的 10 大障碍（详见第 14 章），我几乎都碰到过，最后自然是毫无效果。每当想到他，我都感觉自己心跳加速。[2] 直到现在，一想到他我还是会很难受，还是会怨恨他，还是会希望一切不一样。

为了达到最后的接受阶段（接受和认命是完全不同的两个

---

[1] 有些人批评库伯勒-罗斯的悲伤五阶段模型，但我很喜欢，因为很符合当对方无法解决我们之间的冲突时我被断绝关系的经历。

[2] 你知道那种感觉，对吧？令人惊讶的是，我们内心的"惊弓之鸟"现在仍然会因为想起几年或几十年前发生的事情而感到被刺激。各位，这说明你之前没有将冲突归零。

概念，在下面的内容中我将会详细讲到），我尝试了约翰·德马蒂尼博士教给我的认知练习。我把这个练习称作"180度大转变法"，因为你需要强迫自己调转180度，换个角度看待这段痛苦的经历。还记得我前面讲过要怎样将受害者三角翻转成谱写者三角吗？这里也是一样，我们要学习怎么转换自己的角度，以看到更多可能性。我也是通过这个练习学会如何接受我的父母的。试着去理解他们，正是这样的他们才成就了现在的我。不然的话，我也不会遇到我的妻子，更不会写这本书。如果我的父母不一样了，我也就不是现在的我了。因此，我的心中充满了对他们的感激。"180度大转变法"能帮助我们把痛苦的处境或经历，转化为治愈我们、赋予我们力量和促使我们成功的机会。

我试着用这个方法重新审视朋友对我的疏远，慢慢明白了，他的离开对我也是有好处的。要是我没有失去他，我们一直都是朋友，肯定对我也有很多不好的地方。相信我，做这个练习的时候，我还是很难过，但仍然硬着头皮写出了大概50条没有他的好处以及有他在的坏处。做这个练习并不容易，我花了好几周才学会换个角度看待他的疏远。但是随着我清单上的内容越写越多，我的心也逐渐明朗起来，逐渐接受了这个现实。我并不是认命了，而是接受了。随着心中伤痛的愈合，我的心情也好多了，而且可以更客观地看待自己的行为：以前我有的时候真的对他很过分，我的某些行为甚至是对他的价值观和生活方式的一种挑战。我开始理解他的立场和观点。不久之后，我打电话给他，向他承认了自己在这段关系的冲突中应承担的责任。

我坦白了自己的心声，并告诉他我没有想过要改变他什么，也没有奢求他什么，只是想承认自己在与他相处时所犯下的过错。他对我表示感谢，我们聊得很愉快，双方都解开了心结，踏上了各自的新生活。如果我没有换个角度，看到他疏远我的好处，我是不会这么做的。在那之后，我也用这个方法帮助了很多和我有着类似经历或者心结的人。

如果你发现自己有错在先，对方不愿意跟你好好谈谈甚至冷落疏远你，你就必须独自去解决冲突。我知道，这可能很痛苦，特别是当这个人是你的家人的时候。但是我们面前只有两条路，要么就坐在受害者之谷中，听之任之，什么事都不做；要么就承担起自己的责任，一步步地爬出来，成为自己人生的谱写者。那么，我们真的能自己解决冲突吗？大多数情况下，毫无疑问是可以的。当然，根据我多年的经验，如果对方愿意跟我们一起解决冲突会更有效果，但是人生不如意事十有八九，我们不可能每次都遇到愿意和自己一起将冲突归零的人。所以，我们须学会在没有对方帮助的时候独自解决彼此之间的冲突。否则，可能几年下来我们还是停在原地自怨自艾，妄想会有不一样的结果。

接受现实

如果对方永远也不可能跟我们协商，也不会做出任何改变，那么我们能做的就只有接受这个现实，并下定决心踏上自愈的道路。这个自愈过程完全掌握在我们自己手里。尽管这个过程可能会很艰难，但是我们肯定会有所收获，并在这个过程中变得更加强大。如果我们认识到除了自己，没有人可以把我们拉出受害者之谷，那么就必须接受现实——对我们的处境承担起全部责任。我们必须摸爬滚打、勇往直前，在没有对方的帮助下，冲破冲突的束缚。但是，具体要怎么做呢？

覆水难收

首先，我们必须认清，不管是什么样的冲突，发生了就是发生了，覆水难收，这是改变不了的事实。所以，不要浪费时间和精力去当事后诸葛亮。毕竟，谁也没有时光机器可以回到过去做一些不一样的事情。这样的幻想只会让我们更加痛苦。

接受了现实、认清了对方不可能改变之后，我们还应意识到，事情变成这样也是有好的一面的。事实上，我认为人生中所有不好的事情都有好的一面。当然，通常情况下，我们一开始的时候会不自觉地把注意力都放在不好的一面上，深陷其中难以自拔。但是，如果真的有好的一面呢？塞翁失马，焉知非福，如果失败的关系中产生了一些好的、有用的东西呢？如果没有了对方，我们的生活会变得更好呢？如果对方带来的痛苦能让我们变得更坚强，从而离开这段不健康的关系呢？如果对方给我们带来的伤痛能让我们学会承担责任，主动寻求心理咨询师或关系教练的帮助，从而让我们有所学习和成长呢？

就拿我自己来说，我成长过程中遇到的所有痛苦的、让我心碎的关系挑战都坚定了我去帮助更多人改善人际关系的决心。我希望在自己的努力下，世界上所有的孩子都能在更具关爱的环境中长大，父母、老师以及心理咨询师都能明白我在书中想要传达的观念，用细腻敏锐、理解尊重的方式来抚养孩子，呵护孩子幼小的心灵。我希望在自己的努力下，未来的孩子们能够更有爱、更懂爱，少一些对他人的欺凌，多一分应对冲突的淡然。想来，如果没有童年的伤痛，没有失败的感情经历，就不会有现在的我，我也绝对不可能做我现在正在做的事情。你也可以静下心来回忆一下自己的童年，或者想一想你读这本书是为了什么。很可能是因为感情上的伤痛你才选择这本书的。这么讲来，过去在关系中经历的伤痛是不是也激励着你，让你学会如何更好地处理关系中的问题呢？这不也是一件好事吗？那么，过去的伤痛和被剥夺的感觉是不是让你变得更强大了呢？

过去已经覆水难收，但是我们可以改变自己看待过去的方式。此时此刻我们对它的看法才是最重要的。记得问问自己："事情都发生了，我要怎么做才能在没有对方帮助的情况下，减轻自己的痛苦、怨恨，让自己平静下来呢？""事情已经发生了，我要怎么做才能让冲突归零呢？"

掌握方向

拥有强大的内心，我们又可以回到前排座位上，掌握人生的方向，同时不断学习，自我治愈、自我成长。这并不是我想出来的方法。在人类的历史中，已经有无数的人不堪暴力、压迫和冲突，站起来为自己抗争。我是从他们身上学到这一点的。所以，当我们迷茫的时候，不妨想想那些名人是怎么渡过难关的。比如哈丽特·塔布曼（Harriet Tubman），身为黑奴，她没有屈服于充满敌意和暴力的环境，而是利用"地下铁道"组织帮助了数百个黑奴获得了自由。马拉拉·优素福扎伊（Malala Yousafzai），她呼吁让巴基斯坦的女性享有平等的受教育权（塔利班禁止女性接受教育），面对恐怖分子的暗杀，哪怕头部中枪，也丝毫没有退缩。还有米斯蒂·克普兰德（Misty Copeland），她克服了许多童年的挑战，成了美国芭蕾舞剧院成立 75 年以来的第一位非裔首席舞者。

如果眼前的处境太过严峻，你不敢与之"对抗"，也要守住内心的尊严，而要做到这一点，你不需要任何人的配合。坚定信念、奋力抵抗，也许这是你的理智和内心发出的声音。对方都放弃了，你为什么还要执着于此呢？你真的想要浪费生命去改变对方或者祈祷能有不一样的结果吗？

你要怎么做呢？要怎样才能不再指责对方、不再幻想对方会改变呢？要想做到这一点，推荐你试试 180 度大转变法，这也是我从我的老师那里学到的。在开始这个练习之前，你首先要想明白下面的问题。

冲突带来的好处——你学到了什么？

◆ 这场冲突让你学到了什么？列出 5 项。

◆ 你已培养或正在培养自己什么能力？列出 5 个。

◆ 因为这个人或与他的这场冲突你发现了自己什么优点？列出 5 个。

◆ 冲突过后，你花时间、精力和金钱做了哪些积极的事情？

列出 5 件。

◆ 在有人让你难受的时候，你曾向哪些人寻求过帮助？列出 3 个人。他们是怎么帮助你回归正轨、越走越好的？

◆ 这场冲突给你的人生目标或方向带来了什么变化？列出 3 项。

◆ 冲突发生后，你发现了自己哪方面的超能力？

幻想着如果没有冲突，你们的关系还是那么美好，这么做有很多坏处，仔细思考下列问题：

◆ 要是没有这场冲突或决裂，你永远不会意识到什么？

◆ 有哪些能力是你没有培养出来的？

◆ 要是没有这场冲突或决裂，你会错过强化自己哪些优点的机会？

◆ 要是没有这场冲突或决裂，你会把自己的时间、精力和金钱花在哪些地方？

◆ 谁是因为这场冲突才和你走到一起或者变得更加亲密的？

◆ 要是没有这场冲突或决裂，你的职业生涯、工作和目标会有什么不同？

◆ 要是没有这场冲突或决裂，你会错过或没有办法提升自己哪方面的超能力？

你要让自己在痛苦中成长起来。继续寻找这段关系的终结教会了你什么或者它是如何帮助你成长的。请注意，在读到上面的问题时你会不会觉得不舒服、会不会提高戒备？你会不会说"这根本没有什么好处"之类的话？每当遇到解不开的心结、处理不好的关系或者人生中的大事时，我都会问自己上面的问题。这些问题能帮我重新站起来，继续前进，从受害者之谷逃出来。正是因为这些问题，我才能脱离痛苦，不断向前。

寻求外部帮助

我帮助了很多夫妻、家庭和企业家将冲突归零。说句实话，我和妻子的关系能出现转机，也多亏了我们一起参加夫妻咨询。那是一个经验丰富的咨询师，也是我们这段关系的局外人，这样的人能够更客观地看待我们之间的冲突，从而让我们的关系朝好的方向发展。理想情况下，你找的专业人士能帮助你将冲突归零。但是，就像我之前讲过的，覆水难收。如果你已经半成功地逃避了你的问题很多年，就不要幻想你找的咨询师或者关系教练有魔法能瞬间让一切问题烟消云散。如果你有很多未说出口的、未解决的怨恨和冲突，那么你需要一段时间才能将冲突归零。不要忘了，再优秀的心理咨询师或者关系教练都帮不了一个不愿意配合的人。所以，寻求外部帮助一定要当事双方都愿意才可以。

记住，关系的伤痛能指引我们找到真正的自由。如果你在冲突中止步不前，那么在另一端一定会有突破口等着你。你经历的所有伤痛和困厄都是你成长的机会。只有直击问题的核心，才能真正化解冲突。

行动步骤

1. 你有没有试图改变过别人？比如你在冲突表中写下的那个人。如果你这样做过，一定要勇于承认，坦白自己的行为。回顾第 13 章和第 14 章的内容，找到更好的沟通方式，然后再进行下一步。

2. 合理的要求和需求：你对对方有什么要求？记住，你提出来的要求一定要合理。如果是不可协商的要求，那就把它当作一种需求，并承认这是你所必需的。要是对方不能满足你不可协商的需求，就不要提出来，这样做很可能会把对方推开，一定要想清楚。

3. 回想与冲突相关的 4 种关系需求（有安全感、需求能得到关注、感情能得到慰藉、有人提供支持和挑战）。你是否需要当中的任何一种？承认你有这些需求是一种什么样的感觉？你是否愿意从这些需求的角度来看待对方，也用对方能接受的方式去满足他们的这些需求？

4. 通过这一章的学习，你最大的收获是什么？请写出来。在读完这一章的 24 小时内，敞开心扉，将自己的收获分享给你的密友。

结　语

说来你也许早就知道（或者听说过），很多因素能给我们的生活带来积极的影响，而这其中排名第一的要数相互支持的关系。

——丹·西格尔

讲到这，相信你已经明白，冲突并不是问题所在。你现在也已知道，关系总会有跌宕起伏，断了联系就要再重建联系。毕竟，我们过得好不好，和这个有着很大的关系。冲突带来的混乱和各种不确定会暴露我们的本质。在这方面，我深有体会。尽管这让人有些不适，但是能够卸下伪装，找到真实的自己，又何尝不是一件好事？此外，冲突在邀请我们、鼓励我们甚至推动我们做真实的自己（表达自己真实的想法）的同时，还能让我们拥有更加美好的关系。如果我们想要自己的关系变得更加和谐，就必须接受冲突修复循环，让它成为我们生活的一部分，并在今后的人生中带着关注、尊重和善意的态度去践行它，让那些重要关系变得更加稳固、美好、有安全感。

回想起来，在和妻子第一次产生严重冲突的时候，我就已经向她祖露一部分真实的自己了，比向任何人祖露得都要多。但是没过多久，我又把自己的心门关闭起来了。那时候的我们都不明白这是怎么一回事，但是这种感觉对我来说非常熟悉，就像我又蜷缩到了自己躲藏多年的温暖毛毯里。我不喜欢这种感觉，但它就是很熟悉。我能感觉到自己有种想要躲藏和逃跑的冲动，这种方式似乎更容易些。但是，经过一番思考，我还是决定不再闪躲，而是挣脱身上的毯子，勇敢地面对眼前的未知。虽然不知道为什么，也不知道之后可能会发生什么，但我还是决定不逃跑，继续"守护我们的感情"。

在接下来的几个小时里，我们又重新坐到了一起。我第一次敞开心扉，尝试一种全新的沟通方式。这一次的我没有闪躲也没有离开，而是留下来解决两个人的冲突。尽管很害怕，不知道怎么做才好，我还是选择回头来重建联系。尽管有些犹豫，我还是踏上了一条全新的道路，进入一片全新的天地，展开双臂迎接全新的自己。这么做能为我带来什么呢？带来了让我梦寐以求的婚姻——我们两个人都找到了真实的自己，并一起学会了如何解决冲突。我们的感情成了我的避风港、我的发射台，更是我的归宿。

通过这本书，你已经学会了如何成为一个关系领导者。不妨一起回想一下，成为关系领导者需要哪 4 个步骤？

◆ 承认自己陷入困境，敢于张口寻求帮助。
◆ 为自己希望的结果承担个人责任。
◆ 不断学习、成长和进步。
◆ 拥抱冲突，解决冲突。

学到这里，如果你已经完成了每一章后面的"行动步骤"，相信你不仅很快就可以成为一名关系领导者，让自己的重要关系变得和谐、美满，而且在这些关系里你既可以做最真实的自己，又能得到自己想要的东西。

　　读完这本书，你会脱离原来的轨道，踏入了一片新的领域。尽管这里可能看起来很可怕、很陌生，但是请不要停下自己向前的脚步，继续探索。请跟随我留下的线索，勇敢地走到海边，开启新的航行。这一次，你将拥有跟以前不一样的关系——真实、深刻、有意义的关系，这是一种更美好的关系，这是一种可以让冲突得以修复的关系。你的船现在已经装备齐全，即使那只"惊弓之鸟"出来捣乱，你也有应对它的技巧和能力。你现在知道如何从受害者变成谱写者、如何对三方负责。无论什么时候，你都会对自己诚实、对对方诚实，哪怕这样会让你们的小船颠簸。

　　本书的字里行间都是我对你的支持和挑战，希望你早日成为一名关系领导者。在人生的航行中，我们总会经历风雨，相信现在的你已经无所畏惧了。我在海的另一边等你驾船到来。请相信自己一定可以将冲突归零。

最后的行动步骤

　　回忆学过的内容，感受自己的内心，感受当下。做几个舒缓的深呼吸，然后读一读接下来的文字。注意一下，在冲突中更有力量是一种什么样的感觉。用一个词或者一句话把你注意到的感觉大声描述出来："我感觉＿＿＿＿＿。"和之前一样，把这句话分享给你的密友。

如果你想了解更多的方法、可供下载的 PDF 文件、对话范例、冥想引导，如果你想找一个练习伙伴，请访问 http://gettingtozerobook.com。以下是"冲突归零"官网的内容预览。

冲突归零检查表

因为当你处于"惊弓之鸟"模式的时候，可能会忘记冲突归零的具体步骤，所以我建了一个简要的冲突归零检查表，你可以把它贴在冰箱上，帮助你记住每一步分别怎么做。

◆ **情绪被刺激了吗？** 试试这个简短的过程：停止、放下、感受、面对、坦白。此外，要善于与你的感受共处。请下载免费的 NESTR 冥想引导，我会引导你度过情绪波动的时刻（装腔作势、崩溃自闭、努力挽回、闪躲回避每种情况各一个冥想引导）。如果你不知道如何与触发自己情绪的事物相处，就更难将冲突归零了。

　　如果小时候没有人帮助你感受自己的情绪，现在是时候学习如何感受了。有时候，当你被别人的行为伤害时，可能会让你想起小时候有过的感受。

◆ 下载"受伤的孩子"冥想引导，来探索这部分的自己吧。

◆ 努力成为更好的倾听者，尤其是在压力下。下载 LUFU 备忘单和对话范例，只要你愿意努力，光是这个技巧就能改变你一辈子的人际关系。

◆ 努力成为更懂说话的人。下载 SHORE 备忘单和对话范例，SHORE 法能增加你被理解的机会。

◆ 需要有人帮你把冲突归零吗？聘请一位精通冲突归零法则的关系教练，我们的教练遍布世界各地。

◆ 觉得只身一人太孤单，想要多点人一起帮你吗？一起与其他可能也在读这本书的读者加入我的免费练习社群吧。

◆ 喜欢通过音频学习吗？如果你还没购买有声书，赶紧购买，并订阅我的播客"The Relationship School"，你可以在所有主流播客平台上找到它。我们有数百集讨论关系和无数集谈论冲突的节目。

◆ 共读读书会。想和其他读者一起学习和练习吗？看看读书会是不是还在开放，并加入我们的免费 Facebook 社群。

◆ 我每天会在以下社交平台上给大家提供人际关系方面的帮助，协助大家渡过难关：

Instagram、TikTok、Clubhouse：@jaysongaddis

Twitter：@jaygaddis

Facebook:/jaysongaddisfanpage

所有的资源都可以在 http://gettingtozerobook.com 上找到。

参考文献

第 1 章　我水深火热的生活

[1]　George E. Vaillant, Charles C. McArthur, and Arlie Bock, "Grant Study of Adult Development, 1938－2000," Murray Research Archive Dataverse, Harvard University, 2010, https://doi.org/10.7910 /DVN/48WRX9.

[2]　Robert J. Waldinger and Marc S. Schulz, "What's Love Got to Do with It?: Social Functioning, Perceived Health, and Daily Happiness in Married Octogenarians," Psychology and Aging 25, no. 2 (2010): 422－431.

[3]　Julianne Holt-Lunstad, Timothy B. Smith, Mark Baker, Tyler Harris, and David Stephenson, "Loneliness and Social Isolation as Risk Factors for Mortality: A Meta-Analytic Review," Perspectives on Psychological Science 10, no. 2 (2015): 227－237.

第 3 章　大部分人如何应对冲突？

[1]　"Triangles," Bowen Center,https://www.the-bowencenter.org/triangles?rq=triangles.

第 4 章　如何成为一个关系领导者？

[1]　Daniel J. Siegel, The Developing Mind: Toward

a Neurobiology of Interpersonal Experience, 2nd ed. (New York: Guilford Press,2012), 4.

[2] Siegel, The Developing Mind, 24.

[3] Siegel, The Developing Mind, 23.

[4] Nelson Mandela, Long Walk to Freedom: The Autobiography of Nelson Mandela (Boston: Little, Brown, 1994).

[5] Mandela, Long Walk to Freedom, 329.

[6] Mandela, Long Walk to Freedom, 296.

第 5 章　你的关系脚本

[1] Daniel J. Siegel and Tina Payne Bryson, The Power of Showing Up: How Parental Presence Shapes Who Our Kids Become and How Their Brains Get Wired (New York: Ballantine Books, 2020).

[2] Daniel J. Siegel, Brainstorm: The Power and Purpose of the Teenage Brain (New York: Tarcher/Penguin, 2015), 142, 145.

[3] Siegel and Bryson, The Power of Showing Up, 5.

[4] Siegel, Brainstorm, 142.

[5] Ed Tronick and Claudia M. Gold, The Power of Discord: Why the Ups and Downs of Relationships Are the Secret to Building Intimacy, Resilience, and Trust (New York: Little, Brown Spark, 2020).

[6] Rick Hanson, "3 Steps to Become More Re-

silient Before, During and After a Fight, with Dr. Rick Hanson—SC 67." Relationship School Podcast, August 31, 2016.https://relationshipschool.com/podcast/3-steps-to-become-more-resilient-before-during-after-a-fight-with-rick-hanson-sc-67/.

[7] Dan Siegel, "The Verdict Is In: The Case for Attachment Theory," Psychotherapy Networker, March/April 2011, https://www.psychotherapynetworker.org/magazine/article/343/the-verdict-is-in.

第6章　你的 "惊弓之鸟" 模式

[1] Nadine Burke Harris, The Deepest Well: Healing the Long- Term Effects of Childhood Adversity (New York: First Mariner Books, 2018), 74.

[2] Robert M. Sapolsky, Behave: The Biology of Humans at Our Best and Worst (New York: Penguin Press, 2017), 45.

[3] Jayson Gaddis, "3 Steps to Become More Resilient Before, During and After a Fight, with Dr. Rick Hanson—SC 67," Relationship School Podcast, August 31, 2016.https://relationshipschool.com/podcast/3-steps-to-become-more-resilient-before-during-after-a-fight-with-rick-hanson-sc-67/.

[4] Harris, The Deepest Well.

[5] Gabor Maté, When the Body Says No: The Cost of Hidden Stress (Toronto: Alfred A. Knopf Cana-

da, 2003), 183‐184.

[6] Jayson Gaddis, "Money, Powerful Questions, and 8 Dates to Have with Your Partner—TRS 229," Relationship School Podcast, March 11, 2019. https://relation shipschool.com/podcast/money-powerful-questions-8-dates-to-have-with-your-partner-julie-john-gottman-smart-couple-podcast-229/.

[7] Greta Hysi, "Conflict Resolution Styles and Health Outcomes in Married Couples: A Systematic Literature Review," paper presented at the 3nd International Conference on Research and Education, "Challenges Toward the Future" (ICRAE2015), October 23‐24, 2015, University of Shkodra "Luigj Gurakuqi," Shkodra, Albania.

第 9 章　如何在冲突中与自己的导火线共存？

[1] Daniel J. Siegel and Tina Payne Bryson, The Power of Showing Up: How Parental Presence Shapes Who Our Kids Become and How Their Brains Get Wired (New York: Ballantine Books, 2020).

第 11 章　如何在冲突中和冲突后倾听对方？

[1] Byron Katie, with Stephen Mitchell, Loving What Is: Four Questions That Can Change Your Life (New York: Harmony Books, 2002).

[2] Jayson Gaddis, "Healing Trauma, with Peter

Levine—TRS 328," Relationship School Podcast, February 2, 2021. https://relationshipschool.com/podcast/healing-trauma-with-peter-levine-peter-levine-328/.

第 12 章 如何在冲突中和冲突后表达自己？

[1] Daniel J. Siegel, The Developing Mind: Toward a Neurobiology of Interpersonal Experience, 2nd ed. (New York: Guilford Press, 2012), 71‑90.

[2] Stan Tatkin, We Do: Saying Yes to a Relationship of Depth, True Connection, and Enduring Love (Boulder, CO: Sounds True, 2018), 188.

第 15 章 缓解冲突的 12 个共识

[1] Carol S. Dweck, Mindset: The New Psychology of Success (New York: Ballantine Books, 2008).

那次在全食超市停车场吵到分手后，我的生活竟开始好转了。从那天开始，我认识到人际关系的重要性，并开始学习。之后的每一天，我都向人们学习如何改善生活，特别是感情生活。多年来，我一直不断地学习着，至今如此。对我来说，效果最佳的学习方式就是把学到的东西传授给他人，因此我既是学生也是老师。我喜欢将学到的知识综合起来，通过图像的方式教大家怎么把关系处理得更好。站在巨人的肩膀上，向导师学习，这样我才能教导他人。以下是我想要感谢的人，他们帮助我学习，并对我产生了非常大的影响，有他们才会有这本书的诞生。

首先，我要感谢我的太太爱伦·波德（Ellen Boeder），你是个了不起的人、不可多得的朋友、亲密的爱人、伟大的妻子以及我孩子的妈。如果没有我们之间的关系以及无数花在依恋科学、创伤、育儿、关系心理学和人类行为研究上的时间，就不可能有这本书以及里面所有的方法、概念和实践。此外，我也很敬佩你用恩威并施的方式来爱我们的孩子。你对他们的牵挂和关怀，使得我能在更深层面上帮助他人，包括有更多的时间和空间来写这本书。谢谢你和我一起大声校对每一页，并及时提供语气、方向和范例方面的重要反馈。没有你，我是写不出这本书的。三言两语不足以表达我对你的感激之情。我爱你。

我要感谢我的儿子卢西恩（Lucian），感谢你对生活有无与伦比的热情。当你来到这个世界上时，你为我指明了方向，让我的人生目标变得非常明确。

我要感谢我的女儿妮娃（Neva），感谢你的优雅沉静、细心敏锐、大度幽默。你就像水一样，磨掉我的棱角，让我的心变得柔软，让我处事更圆融。

我要感谢我的父母，你们以自己的方式抚养我长大成人，你们所做的一切都很了不起，你们给了我无尽的支持和挑战，帮助我找到了人生的方向。你们为我提供了充足的资源，让我能够踏上旅程，找到自己。当我们之间的关系变得紧张时，你们大可以跟我断绝来往、不再跟我说话，但是你们却依然爱我，依然留在我的生命中。我打心底里感谢你们。

我要感谢我的姐姐特蕾泽（Terese），你记住了我已经不记得的童年，包括那次我和弟弟格雷格（Greg）在屋里抢弹弓玩的事情。我还要感谢我的弟弟格雷格，你总是如身处大自然中那般开心快乐。我爱你们。

感谢我的第一位经纪人妮娜·马多尼亚·奥斯曼（Nena Madonia Oshman），感谢你做了大量的工作，指导我、鼓励我、推动我开始写书。你第一次给我的反馈简直要把我气晕，但这些建议却无比中肯。谢谢你让我联系上了劳伦·马里诺（Lauren Marino）和阿歇特出版社。也谢谢你把我介绍给简·米勒（Jan Miller）。我想对现在的经纪人简说，感谢你在这个领域丰富的经验，也感谢你从始至终对我的信心。

感谢我的编辑劳伦·马里诺，你张开双臂欢迎我与阿歇特出版社合作，并挑战我，让我对自己想要传达的概念更清晰，并帮我把它们组织得更完善。你的反馈很有建设性，让这本书变得更有力了。谢谢你的鞭策。因为它们，我成了更好的作家。也感谢整个阿歇特团队，包括麦克·巴尔（Michael Barrs）和我的公关劳伦·罗森塔尔（Lauren Rosenthal）。

感谢我的编辑们：感谢简帮我把提案写好；感谢安德烈·维恩利（Andrea Vinely）帮我润饰初稿，你太棒了，教了我一些从来没有学过的语法知识；感谢贝琪·索普（Betsy Thorpe）在关键时刻帮我做二校，并与我不厌其烦地讨论书的架构，是你激发了我重组内容结构的实力，是你帮我把语言变得更加通俗易懂。你们真的太厉害了！

感谢凯西·斯坦顿（Casey Stanton）帮我协调与哈维尔·亨德里克斯（Harville Hendricks）和海伦·亨特（Helen Hunt）的线上研讨会，由于这次研讨会，我认识了营销人员罗伯（Rob），是他把我介绍给我的第一位经纪人妮娜的。因为那次引荐，我才有办法一路走到这里，谢谢你，整个过程都非常不可思议。

还要感谢我的朋友们。我要感谢我的死党基思·克兰德（Keith Kurlander）、威尔·范德维尔（Will Van Derveer）和鲁文·巴卡尔（Reuvain Bacal），感谢你们对我形影不离，感谢你们在过去的18年里一直爱着我，陪我度过了生命中最光明和最黑暗的时刻，能跟你们当好兄弟是我的荣幸。

感谢我的朋友莉萨·迪翁（Lisa Dion），在你的帮助下，那些让我心烦意乱的人给我带来的情绪波动消失得无影无踪，感谢你成为我人生精神旅程中的伙伴。

感谢里克·斯奈德（Rick Snyder），你在我写书的过程中给了我一些很好的建议，也感谢你在我的成长道路上给我的友谊。

感谢克莉丝塔·范德维尔（Krista Van Derveer）向我介绍罗伊德·费科特（Lloyd Fickett）以及他的作品！

感谢凯莉·诺德纳斯（Kelly Notarus），你的指导、建议、幽默和经验在帮我走完出版流程的过程中起到了关键作用。

感谢塔米·西蒙（Tami Simon）在写书初期贡献给我的智慧和时间。

我还想感谢我在人际关系学校的核心团队：瑞贝卡（Rebecca）、阿什丽（Ashley）、珍妮佛（Jennifer）、安娜（Ana）、薇琪（Vicki）、布兰登（Brendan）。你们面对我起伏不定、烦躁、神经质的个性，始终支持着我，你们都很棒。还要感谢安娜·诺瓦罗（Ana Novaro）和马丁（Martin），你们帮我完成了一些图表，也帮我把一些细节处理得很好，谢谢你们。

谢谢人际关系学校的学员和教练们，谢谢你们不断地投入时间、金钱和精力参加我创立的世界上最深入、最全面的关系训练系统——亲密关系深层心理学（Deep Psychology of Intimate Relationships，DPIR）和关系教练培训计划（Relationship Coach Training Program，RCT）。各种形式的线上会议和工作汇报不知道开了几百次，辛苦你们了。你们都在帮助我提高我的教学水平，你们每一个人都对这本书做出了贡献，在此献上我最高的敬意。

也要感谢我所有的来访者，谢谢你们允许我进入你们生活中最私密的一面。因为你们愿意面对生活中的冲突并寻求帮助，我才能够不断学习和提高自己的技能，用更有效的方法来帮助你们和其他人化解冲突。因为你们愿意面对自己的挑战、愿意寻求帮助和学习，才有了这本有益于无数读者化解冲突的书。

我还想感谢我所有播客的访问者和社交平台的粉丝，感谢你们的热情点赞、分享与评论。还要感谢运营人际关系学校Facebook账号的团队，你们都很棒，把粉丝的参与度带动得很高！所有人社交平台上的动态都给了我一些灵感，并帮助我强化了冲突归零的模型和方法。

感谢让我学习心理学的纳罗帕大学（Naropa University）。这是一个非常特别的地方，让我终于可以进入自己的内心世界，正视并处理自己内在的问题。感谢我所有超个人心理学课程的同学们和开明又才华横溢的老师们，谢谢你们。

我还要感谢博尔德精神健康中心的简·布莱恩特（Jane Bryant）和查克·利特曼（Chuck Litman），你们给了我在研究生课程中所没学到的精神疾病治疗实践经验，让我亲身了解了狂躁症、抑郁症、精神分裂症以及无数人每天面临的其他精神疾病。

感谢我早期学习格式塔心理学的老师，包括杜安·谬尔纳（Duane Mullner）、杜伊·弗里曼（Duey Freeman）、维多利亚·斯托利（Victoria Story）。你们三位让我的学习在GIR的枕头和椅子、眼泪和笑声中到达了一个新的高度。还要感谢我的其他心理学老师们，特别是布鲁斯·蒂夫特（Bruce Tift），你戳破了我的梦幻泡影，让我不再以为只要找到了对的人就可以摆脱痛苦和冲突。你还提醒我，不管多么难以接受，我的余生也不可避免地要经历各种冲突。

还要感谢问题青少年荒野治疗项目的负责人戴夫·文堤米利亚（Dave Ventimiglia），是你用一种直接的方式教会了我如何处理家庭系统内的冲突。还要感谢"第二自然"的帕特里克·罗根（Patrick Logan），是你帮助我更好地与那些愤世嫉俗的青少年打交道。

我要感谢我的冥想老师雷吉·雷（Reggie Ray），谢谢你教会我如何面对自己的经历，尤其是那最令我不安和痛苦的部分，谢谢你教会了我一项一辈子受用的技能——如何回到自己的身体和内心，并永远记住，我最深的经验是完全没有问题的。并且通过观察你，我学会了如何教学，从而让学员可以实现多层次发展。同时，我也非常感激你让我了解了我自己和我人生旅途中的所有同伴。

感谢我的创伤导师朱莉·格林（Julie Green）、帕特·奥格登（Pat Ogden）、克库尼·明顿（Kekuni Minton）和彼得·莱文（Peter Levine），我从你们身上学到了很多如何有效地处理创伤的知识，谢谢你们。

感谢我的第一位格式塔治疗师道恩·拉森（Dawn Larsen），谢谢你帮助我窥探自己的内心和情感世界。你对我的影响很大，特别是我在毯子下伸手抓你的那场实验。那3年的治疗帮助我打开了一生中被封锁的情感、痛苦和快乐，谢谢你。

非常感谢戴维·盖茨（David Cates），谢谢你帮助我度过了中年危机，让我更信任自己的身体，谢谢你在我崩溃的时候接住了我，也教会了我如何更深入地相信生命的进程。

在过去的几年里，我对科学和更微观的人际关系产生了浓厚的兴趣，包括人际神经生物学、大脑和我们复杂的神经系统。

感谢丹·西格尔博士，感谢你腾出宝贵的时间给我，感谢你这个依恋科学的先驱帮助我认识大脑与人际关系的关联、个人的发展与人际关系的关联。

感谢史蒂芬·波吉斯花时间帮我了解自己的社交参与系统，让我知道自己在威胁下是如何行动的以及迷走神经是如何运作的。

感谢邦妮·巴德诺克（Bonnie Badenoch）帮我更深层次地理解了创伤和大脑。

感潮加博尔·马泰好意回复了我的邮件，也教会了我生存和发展的核心需求是什么，你在依恋、关系和成瘾上建立的框架改变了我的生活。你勇敢地挑战西方医学的局限性，为如何成为一个更好的领导者树立了榜样，谢谢你。

感谢约翰·德马蒂尼博士，你打破了我对心理学的想象，给了我一个清晰、以科学为本来解决怨恨且不需要对方的参与的方法。你是第一个以我能理解的方式将科学、量子物理学和灵性结合起来的人，我眼中的宇宙因此而变得神奇和令人向往。非常感谢你为这个世界所做的贡献，我每天都能从中有所收获。

感谢斯坦·塔特金提供了科学的方法来验证我在伴侣关系

中的敏锐度，更重要的是，提供了如何经营伴侣关系的方法。你还教会了我两个人一起解决冲突比单独解决更有效。多年来，你教给我妻子为人处世的方法，使我们的婚姻更加稳固。老兄，谢谢你，你对我的帮助真的非常大！

最后，我想感谢我一生中经历过的无数次困难的沟通，感谢那些未解决的冲突、创伤，甚至是讨厌我的人，这些痛苦都为这本书提供了宝贵的素材。

本书中文简体版权归属于银杏树下（上海）图书有限责任公司。

著作权合同登记图字：22-2023-035号

图书在版编目（CIP）数据

冲突的勇气 / (加) 杰森·盖迪斯著；石若琳译. —

贵阳 : 贵州人民出版社，2023.9（2024.8重印）

书名原文: GETTING TO ZERO

ISBN 978-7-221-17743-8

Ⅰ.①冲… Ⅱ.①杰… ②石… Ⅲ.①心理学—通俗

读物 Ⅳ.①B84-49

中国国家版本馆CIP数据核字(2023)第140757号

CHONGTU DE YONGQI

冲突的勇气

[加] 杰森·盖迪斯　著

石若琳　译

出版人	朱文迅	选题策划	后浪出版公司	
出版统筹	吴兴元	编辑统筹	王　頔	
策划编辑	代　勇	责任编辑	潘江云	
特约编辑	谢翡玲	封面设计	柒拾叁号	
责任印制	常会杰			

出版发行　贵州出版集团　贵州人民出版社

地　址　贵阳市观山湖区会展东路SOHO办公区A座

印　刷　嘉业印刷（天津）有限公司

经　销　全国新华书店

版　次　2023年9月第1版

印　次　2024年8月第2次印刷

开　本　889毫米×1194毫米　1/32

印　张　12.25

字　数　254千字

书　号　ISBN 978-7-221-17743-8

定　价　58.00元

读者服务：reader@hinabook.com188-1142-1266

投稿服务：onebook@hinabook.com133-6631-2326

直销服务：buy@hinabook.com133-6657-3072

官方微博：@后浪图书

后浪出版咨询(北京)有限责任公司　版权所有，侵权必究

投诉信箱：editor@hinabook.com　fawu@hinabook.com

未经许可，不得以任何方式复制或者抄袭本书部分或全部内容

本书若有印、装质量问题，请与本公司联系调换，电话010-64072833

贵州人民出版社微信